Dr. David Brunner und Sam Stall

Hund
BETRIEBSANLEITUNG

INBETRIEBNAHME, WARTUNG UND
INSTANDHALTUNG

Illustriert von Paul Kepple und Jude Buffum

Aus dem Amerikanischen von Angelika Feilhauer

GOLDMANN

MIX
Papier aus verantwor-
tungsvollen Quellen
FSC® C005833

Verlagsgruppe Random House FSC® N001967
Das für dieses Buch verwendete FSC®-zertifizierte Papier
Tauro liefert Sappi, Werk Stockstadt.

1. Auflage
Vollständige Taschenbuchausgabe Oktober 2015
Wilhelm Goldmann Verlag, München,
in der Verlagsgruppe Random House GmbH
© 2004 der Originalausgabe Dr. David Brunner und Sam Stall
All rights reserved.
Originaltitel: The dog owner's manual
Originalverlag: Quirk Books, Philadelphia, Pennsylvania, USA
© 2005 der deutschen Erstausgabe
Sanssouci im Carl Hanser Verlag, München
© 2015 der vollständigen Taschenbuchausgabe
Wilhelm Goldmann Verlag, München,
in der Verlagsgruppe Random House GmbH
Umschlaggestaltung: Uno Werbeagentur, München
Umschlag- und Innenteilillustrationen: © Headcase Design,
Paul Kepple und Jude Buffum
Fachliche Beratung: Dr. med. vet. Siegfried Grieshaber
Satz: Filmsatz Schröter, München
Druck und Bindung: Těšínská tiskárna, a.s., Český Těšín
JE · Herstellung: IH
Printed in the Czech Republic
ISBN 978-3-442-17528-4

www.goldmann-verlag.de

Besuchen Sie den Goldmann Verlag im Netz

Inhalt

WILLKOMMEN IN DER WELT IHRES HUNDES! 10

Der Hund: Schaubild und Verzeichnis der Einzelteile 13

- Der Kopf 13
- Der Körper 14
- Sensorspezifikation 15
- Speicherkapazität 19
- Lebensdauer des Produkts 19

KAPITEL 1:
ÜBERSICHT ÜBER MARKEN UND MODELLE 20

Kleine Produktgeschichte 22

Einteilung in unterschiedliche Warengruppen 24

Spitzenmodelle 26

Nicht standardisierte No-Name-Produkte 38

Auswahl eines geeigneten Modells 40

- Neue Modelle versus gebrauchte Modelle 42
- Auswahl des Geschlechts 43
- Auswahl eines Anbieters 43

Checkliste für die Anschaffung eines Welpen 46

Checkliste für die Anschaffung eines erwachsenen Hundes 48

KAPITEL 2:
INSTALLATION UND INBETRIEBNAHME 50

Konfiguration der Wohnung 52

Empfehlenswertes Zubehör 53

Eingewöhnung 56

- Anpassen an Kinder 57
- Anpassen an andere Hunde 60
- Anpassen an Katzen 63

Die erste Nacht im neuen Heim 66

Auswahl des Namens 67

KAPITEL 3:
INTERAKTION IM ALLTAG **68**

Akustische Signale und Körpersprache 70
Hundesprache – Menschensprache 72
Schlafmodus 72
Identifikationsmethoden 73
Workout und Fitness 74
   ■ Trainingsprogramm »Hol's!« 75
Hof- und Gartenprotokoll 77
   ■ Installation im Freien 80
Abfallbeseitigungsverfahren 81
   ■ Boxentraining 81
   ■ Sauberkeitstraining 84
   ■ Unautorisierte Downloads 84
Transport des Hundes 86
   ■ Reisen mit dem Auto 86
   ■ Reisen mit dem Flugzeug 87
   ■ Reisen mit Bus oder Bahn 87

KAPITEL 4:
BASISPROGRAMME **88**

Überblick über vorinstallierte Software 90
Festlegen der Rangordnung 91
Trainingsoptionen (Zusatz-Software) 94
   ■ Sozialisation 94
   ■ Leinentraining 94
   ■ Sitz! 96
   ■ Bleib! 96
   ■ Bei Fuß! 99
   ■ Auf Zuruf kommen 100
   ■ Trainingstipps 102

Auswahl eines Gehorsamsprogramms 103
Aktivieren des Verteidigungsprogramms 103
Pflichten als User 104
Versicherungsfragen 105

KAPITEL 5:
ENERGIEVERSORGUNG DES HUNDES 106

Unterschiedliche Kraftstoffe 108
Auswahl der Energielieferanten 110
Fütterungsmodus 111
Kraftstoffergänzung (Snacks) 115
Gewichtskontrolle 116
    ▪ Wiegen des Hundes 116
    ▪ Gewichtsreduktion 118

KAPITEL 6:
WARTUNG DER OBERFLÄCHE 120

Das Fell 122
Haarkleidvarianten 123
Instandhaltung des Fells 126
    ▪ Zubehör 126
Auswahl eines professionellen Anbieters 127
Verfilzungen entfernen 128
Baden 129
Ohren 132
Augen 133
Zähne 133
Analdrüsen 133
Notfälle 134

KAPITEL 7:
WACHSTUM UND ENTWICKLUNG 136

Wachstumsstadien bei Welpen 138
- 0 bis 8 Wochen 138
- 8 bis 15 Wochen 138
- 16 Wochen bis 11 Monate 139
- 12 Monate 139
- Berechnung des Alters des Hundes 142
Entwicklung der Zähne 142
Energieversorgung junger Hunde 143
Geschlechtsreife 143
- Kastration 144
Alte Hunde 146
- Häufige altersbedingte Funktionsstörungen 147
Veralterung und Deaktivierung 148

KAPITEL 8:
WARTUNG UND INSTANDHALTUNG 150

Auswahl eines Service-Providers 152
Inspektionen zu Hause durchführen 153
Besuche beim Service-Provider 155
- Im Alter von 6 bis 8 Wochen 155
- Im Alter von 10 bis 12 Wochen 155
- Im Alter von 14 bis 16 Wochen 156
- Jährlich 156
Möglicherweise schwere Hardwarefehler 157
Kleinere Hardwarefehler 160
- Zusammenstellen einer Erste-Hilfe-Box 161
Verabreichen von Tabletten 163
Messen der Herzfrequenz 164
Messen der Kerntemperatur 165

KAPITEL 9:
NOTFALLVERSORGUNG **166**

Ansteckende Krankheiten 168
Chronische Krankheiten 170
Erbliche Krankheiten 172
Allergien 173
Gifte 174
  ▪ Erbrechen herbeiführen 176
Traumata 176
Viren im System 178
  ▪ Innere Parasiten 178
  ▪ Äußere Parasiten 181
Verhaltensstörungen 184
Notfalltransport 186
Maßnahmen bei Erstickungsgefahr 189

APPENDIX **190**
Fehlersuche 191
Technische Unterstützung/Wichtige Adressen 200
Glossar 201

REGISTER **203**

BESITZERZERTIFIKAT **207**

DIE AUTOREN/DIE ILLUSTRATOREN **208**

Willkommen
in der Welt Ihres Hundes!

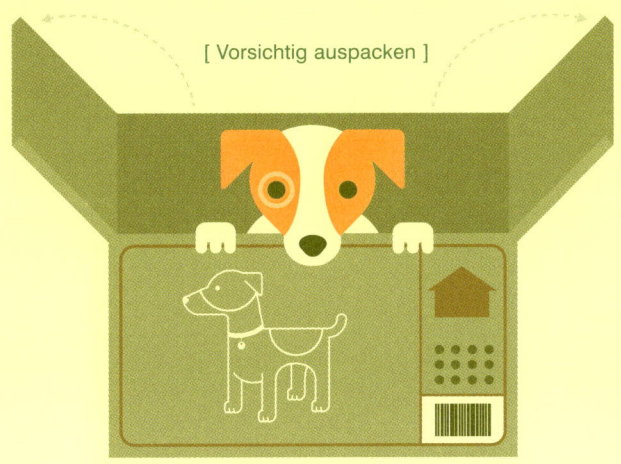

[Vorsichtig auspacken]

Herzlichen Glückwunsch! Sie haben sich gerade einen Hund angeschafft oder denken darüber nach. Der unglaubliche Nutzwert dieses Produkts hat bei Menschen aus allen Kulturen, Gesellschaftsschichten und Altersgruppen zu beispielloser Kundentreue geführt. Bei korrekter Inbetriebnahme und Instandhaltung kann dieses Produkt zahlreiche Aufgaben für seinen Besitzer übernehmen.

Ein Hund weist überraschende Übereinstimmungen mit anderen High-Tech-Geräten in Ihrem Haushalt auf. Wie Autos sind Hunde in verschiedensten Ausführungen erhältlich. Wie Computer können sie konfiguriert werden, um vielfältige Funktionen auszuführen. Und wie eine Alarmanlage gewährleisten Hunde Ihre persönliche Sicherheit und die Ihres Hauses.

Doch im Gegensatz zu den meisten High-Tech-Geräten liegt Hunden keine Bedienungsanleitung bei. Und das, obwohl ihr Betriebssystem weitaus komplizierter ist als das der schnellsten Computer und ihre Mechanik ausgeklügelter als die der teuersten Autos. Bei korrekter Bedienung kann dieses beinah autonom arbeitende System zahlreiche nützliche Funktionen übernehmen und sogar zum liebevollen Gesellschafter werden. Bei falscher Handhabung ist es allerdings möglich, dass es Eigenschaften entwickelt, die für Sie, Ihre Familie und Ihre Besitztümer nachteilig und/oder gefährlich sein können.

Daher dieses Buch. *Hund* ist eine umfassende Betriebsanleitung, die Ihnen zeigt, wie Sie an Ihrem Haustier die größtmögliche Freude haben werden. Dabei ist es nicht notwendig, das Buch von vorn bis hinten zu lesen. Zur einfachen Handhabung ist es in zehn Abschnitte unterteilt. Haben Sie eine Frage oder ein Problem, schlagen Sie eines der folgenden Kapitel auf:

ÜBERSICHT ÜBER MARKEN UND MODELLE (Seite 20–49) beschreibt eine Auswahl der buchstäblich Hunderte von Hundemodellen, behandelt wichtige Hardware- und Softwarevarianten und gibt Tipps für die Auswahl eines geeigneten Modells.

INSTALLATION UND INBETRIEBNAHME (Seite 50–67) erklärt, wie Sie den Hund zu Hause gefahrlos installieren und ihn an seine neuen menschlichen und/oder tierischen Hausgenossen anpassen.

INTERAKTION IM ALLTAG (Seite 68–87) befasst sich mit Fragen der routinemäßigen Wartung, den Feinheiten im Verhalten des Hundes, seiner Körpersprache, seinen Vorlieben beim Spiel und mit Transportmethoden.

BASISPROGRAMME (Seite 88–105) bietet einen Überblick über die serienmäßig installierte Software (angeborene Verhaltensweisen) und vom User installierbare Zusatz-Software (Erziehung).

ENERGIEVERSORGUNG DES HUNDES (Seite 106–119) behandelt die richtige Ernährung Ihres Hundes einschließlich Fütterungszeiten, Futtertypen und Futtermengen.

WARTUNG DER OBERFLÄCHE (Seite 120–135) erläutert Fragen der Körperpflege, beispielsweise wie der Hund gebürstet oder gebadet wird.

WACHSTUM UND ENTWICKLUNG (Seite 136–149) beschreibt die wichtigsten Phasen in der Entwicklung junger Hunde, ihre Kastration, wie Sie das physiologische Alter Ihres Hundes berechnen können und wann die Zeit gekommen ist, von Ihrem treuen Gefährten Abschied zu nehmen.

WARTUNG UND INSTANDHALTUNG (Seite 150–165) zeigt Ihnen, wie Sie die Mechanik Ihres Hundes auf Probleme hin überprüfen können und einen autorisierten Service-Provider zur technischen Unterstützung finden. Dieses Kapitel behandelt alles: von kleinen Mängeln bis hin zu schwerwiegenden Defekten.

NOTFALLVERSORGUNG (Seite 166–189) beschreibt Krankheiten, die bei Hunden auftreten können sowie mögliche Behandlungsalternativen.

Der **APPENDIX** (Seite 190–202) beantwortet häufig gestellte Fragen zu verbreiteten Hardware- und Softwareproblemen von Aggressivität bis hin zu übermäßigem Bellen. Zudem enthält er Informationen, wo Sie weitere technische Unterstützung finden, sowie ein Glossar´ mit wichtigen Begriffen.

Bei korrekter Bedienung wird Ihr Hund Ihnen endlose Stunden Freude bereiten und Ihnen ein nützlicher Helfer und Begleiter sein. Bei alledem dürfen Sie jedoch nicht vergessen, dass die Beherrschung eines solch komplexen Systems Energie und Geduld erfordert. Doch während Sie mit Softwarefehlern, Programmierungsproblemen und unautorisierten Downloads kämpfen, denken Sie stets daran, dass das Endergebnis – ein treues liebendes Haustier – die Mühe lohnt.

Der Hund: Schaubild und Verzeichnis der Einzelteile

Hunde können sich zwar von Rasse zu Rasse äußerlich stark unterscheiden, dennoch besitzen alle die gleiche Zahl vorinstallierter Standardkomponenten. Sollten Ihrem Modell eines oder mehrere der hier beschriebenen Teile oder Systeme fehlen, kontaktieren Sie umgehend einen autorisierten Service-Provider.

Der Kopf

Augen: Die meisten Hunderassen werden mit braunen oder schwarzen Augen geliefert, manche Modelle sind jedoch mit blauen, grünen, gelben oder verschiedenfarbigen Augen ausgestattet. Jedes Auge besitzt ein »drittes« Augenlid, die so genannte Nickhaut, die wie eine Art Scheibenwischer Staubpartikel und Schleim von der Augenoberfläche wischt.

Ohren: Es gibt verschiedene Ausführungen wie etwa Knopfohren, Hängeohren oder Rosenohren. Das bei allen klassischen Rassen (wie Deutscher Schäferhund und Husky) verwendete Standardmodell ist das stehende Ohr.

Nase: Auch sie kann sehr unterschiedliche Formen und Längen haben. Die Farbe reicht von schwarz bis fleischfarben und ist im Winter oft etwas heller. Je länger die Nase, desto besser entwickelt ist der Geruchssinn. Durch ihre Feuchtigkeit arbeitet sie noch effektiver, da eintretende Duftmoleküle zur leichteren Analyse aufgelöst werden. Entgegen der landläufigen Meinung ist eine trockene Nase nicht zwingend ein Symptom für eine Erkrankung.

Zunge: wird häufig zum Testen potentieller Nahrung benutzt, dient aber auch zum Abgeben von Körperwärme. Durch die Bewegung von Luft über ihre Oberfläche (Hecheln) und die Verdunstung von Speichel wird die Körpertemperatur reguliert.

Zähne: Hunde haben 42 bleibende Zähne. Vorn sitzen sechs Paar Schneidezähne, die von zwei Paar großen Fangzähnen (= Eckschneidezähne) eingerahmt werden. Bei den übrigen Zähnen handelt es sich um so genannte prämolare und molare Zähne, die es Hunden (anders als anderen Raubtieren) erlauben, im Notfall problemlos auch pflanzliche Kost zu fressen.

Der Körper

Fell: Alle Hunde besitzen ein Fell, selbst die »haarlosen« Modelle. Farbe und/oder Zeichnung können selbst innerhalb einer Rasse sehr unterschiedlich sein. Muskeln in der Haut erlauben es dem Hund, die Haare aufzustellen oder »zu sträuben«. Starker Haarausfall oder stumpfes, sprödes Fell sind möglicherweise Symptome für ein gesundheitliches Problem. (Siehe »Wartung der Oberfläche«, Seite 120–135.)

Output-Port: Das Abfallbeseitigungssystem des Hundes dient auch seiner Identifikation. In seinem After sitzen zwei Analdrüsen, die bei jeder Darmentleerung ein stark riechendes Sekret abgeben, das gewissermaßen als Visitenkarte für andere Hunde dient. Schnuppern Hunde am Heck eines anderen Hundes, untersuchen sie dessen Analdrüsen.

Geschlechtsorgane: Männchen erreichen mit etwa 8 Monaten die Geschlechtsreife, Weibchen mit 9–15 Monaten.

Pfoten: Hier ist der Tastsinn des Hundes hauptsächlich angesiedelt. Zudem können Hunde an den Fußballen schwitzen.

Schwanz: wird hauptsächlich als Stimmungsbarometer benutzt. Die Zahl der Knochen im Schwanz des Hundes (und damit seine Länge) ist von Modell zu Modell unterschiedlich.

Zitzen: Diese Andockbuchsen sind sowohl bei Weibchen als auch bei Männchen vorinstalliert. Bei männlichen Modellen sind sie jedoch aufgrund eines unterschiedlichen Schaltkreises funktionsuntüchtig.

Gewicht: Bei großen Hunden liegt das Gewicht bei maximal 90 kg, sehr kleine Hunde wiegen nur 1–1,5 kg. Generell sind Rüden etwa 10 % schwerer als Weibchen der gleichen Rasse.

Schulterhöhe: Auch hier können die Unterschiede von Rasse zu Rasse erheblich sein. Ein Irischer Wolfshund hat etwa 80 cm Schulterhöhe, ein Chihuahua mitunter nur 13 cm.

Sensorspezifikation

Alle Hunde besitzen ein umfangreiches Programmpaket für den Betrieb diverser Sensoren. Aufgrund der dadurch gelieferten Daten können Hunde ihre Umwelt sehr viel aufmerksamer wahrnehmen als Menschen.

Optische Sensoren: Das visuelle System ist ein Erbe des Wolfs. Es eignet sich ausgezeichnet zum Ausmachen sich bewegender Zielobjekte auf große Distanz und bei schlechten Lichtverhältnissen. Aber Hunde sehen weniger Farben und Details als Menschen. In ihrer nahen Umgebung verlassen sie sich weitgehend auf ihren Geruchssinn, der in der Tierwelt beinahe konkurrenzlos ist.

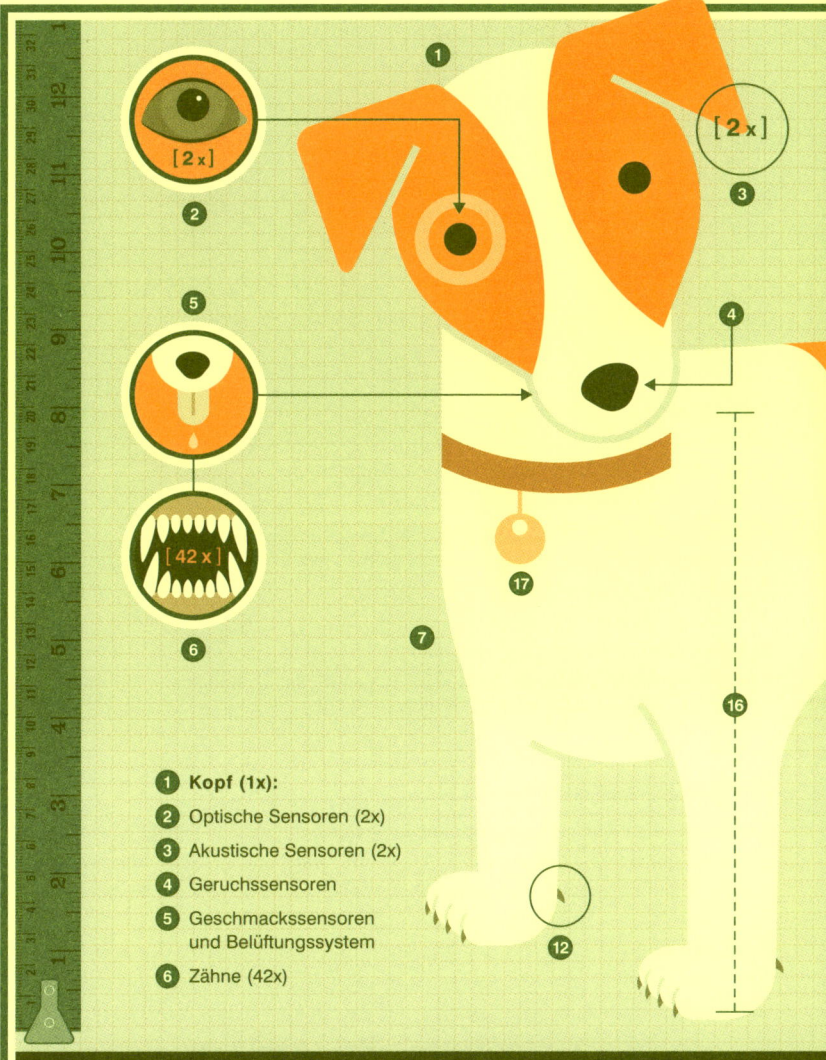

1 **Kopf (1x):**
2 Optische Sensoren (2x)
3 Akustische Sensoren (2x)
4 Geruchssensoren
5 Geschmackssensoren und Belüftungssystem
6 Zähne (42x)

LISTE DER STANDARDKOMPONENTEN: Überprüfen Sie Ihr Modell sorgfältig.

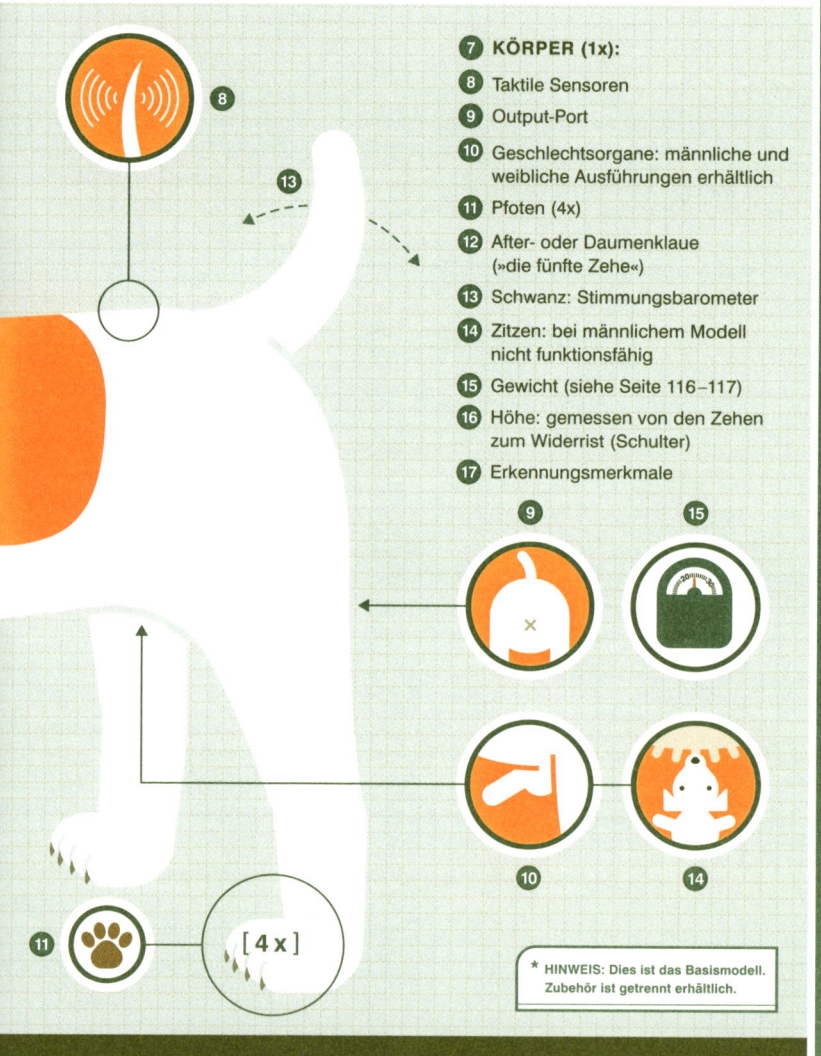

7 KÖRPER (1x):

8 Taktile Sensoren

9 Output-Port

10 Geschlechtsorgane: männliche und weibliche Ausführungen erhältlich

11 Pfoten (4x)

12 After- oder Daumenklaue (»die fünfte Zehe«)

13 Schwanz: Stimmungsbarometer

14 Zitzen: bei männlichem Modell nicht funktionsfähig

15 Gewicht (siehe Seite 116–117)

16 Höhe: gemessen von den Zehen zum Widerrist (Schulter)

17 Erkennungsmerkmale

[4 x]

* HINWEIS: Dies ist das Basismodell. Zubehör ist getrennt erhältlich.

Sollte eines der dargestellten Teile fehlen, kontaktieren Sie umgehend Ihren Service-Provider.

Geruchssensoren: In der menschlichen Nase befinden sich zwischen 5 und 20 Millionen geruchsempfindliche Zellen, in der Hundenase 200 Millionen und mehr. Der Bluthund ist mit 300 Millionen ausgestattet. Der für die Verarbeitung der empfangenen Daten zuständige Bereich im Gehirn des Hundes ist 40-mal größer als beim Menschen. Diese Besonderheit erlaubt es Rettungshunden, unter Lawinen begrabene Menschen ausfindig zu machen, und Spürhunden, drei Tage alte Duftspuren zu verfolgen.

Akustische Sensoren: Hunde können ihre Ohren unabhängig voneinander einzeln bewegen und Geräuschquellen im Bruchteil einer Sekunde orten. Zudem hören Hunde in einem extrem hohen Frequenzbereich (sie nehmen 40 000 Schwingungen pro Sekunde wahr – Menschen etwa 20 000), und ihr Gehör reicht etwa viermal weiter als das des Menschen. Mit anderen Worten: Was Sie auf 15 m Entfernung hören, kann ein Hund noch auf 60 m Entfernung hören.

Taktile Sensoren: Jedes einzelne Haar im Fell des Hundes wirkt wie eine Antenne und leitet Umweltdaten zu einem »Mechanorezeptor« an der Haarwurzel. Diese Daten erlauben es dem Hund, seine unmittelbare Umgebung sehr genau zu erfassen.

Geschmackssensoren: Der Mensch besitzt etwa 9 000 Geschmacksknospen, ein Hund etwa 1 700. Diese beschränkte Geschmacksempfindung erklärt, weshalb Hunde fast alles widerspruchslos fressen (und sich lecken können, ohne würgen zu müssen).

Speicherkapazität

Experten streiten über den exakten Intelligenzquotienten von Hunden und selbst darüber, ob es überhaupt möglich ist, den IQ von Tieren zu bewerten. Mit Sicherheit kann gesagt werden, dass Speicherkapazität und Problemlösungspotential eines durchschnittlichen Hundes die des leistungsfähigsten Computermodells bei weitem übersteigen. Supercomputer können vielleicht meisterhaft Schach spielen, aber keine komplexen Aufgaben erfüllen, wie etwa Füchse zu jagen oder einen blinden Menschen durch die Stadt zu führen.

Auch ein Vergleich der Intelligenz verschiedener Rassen ist eine äußerst subjektive Sache. Einige Modelle weisen Eigenschaften auf wie leichte Erziehbarkeit oder Neugier, die sie vielleicht »klüger« als andere Hundemodelle erscheinen lassen. Aber diese scheinbar wünschenswerten Eigenschaften sind nicht immer von Vorteil. Viele Hunde mit einer hohen »Intelligenz« wie Border Collies und Terrier brauchen eine Menge Bewegung, geistige Anregung und Zuwendung. Vermeintlich weniger intelligente Rassen können da unkompliziertere Gefährten sein.

Lebensdauer des Produkts

Die Betriebszeit von Hunden liegt bei durchschnittlich zwölf Jahren, variiert aber von Modell zu Modell. Als Faustregel gilt, dass größere Modelle erheblich rascher verschleißen als kompakte Typen. Ein Mastiff oder eine Deutsche Dogge etwa ist mit sieben Jahren fast schon verschlissen. Ein Pudel, ein Beagle oder ein anderes kleineres Hundemodell kann leicht doppelt so lang oder noch länger funktionstüchtig bleiben. Das höchste Alter, das bei einem Hund je dokumentiert wurde, betrug 29 Jahre.

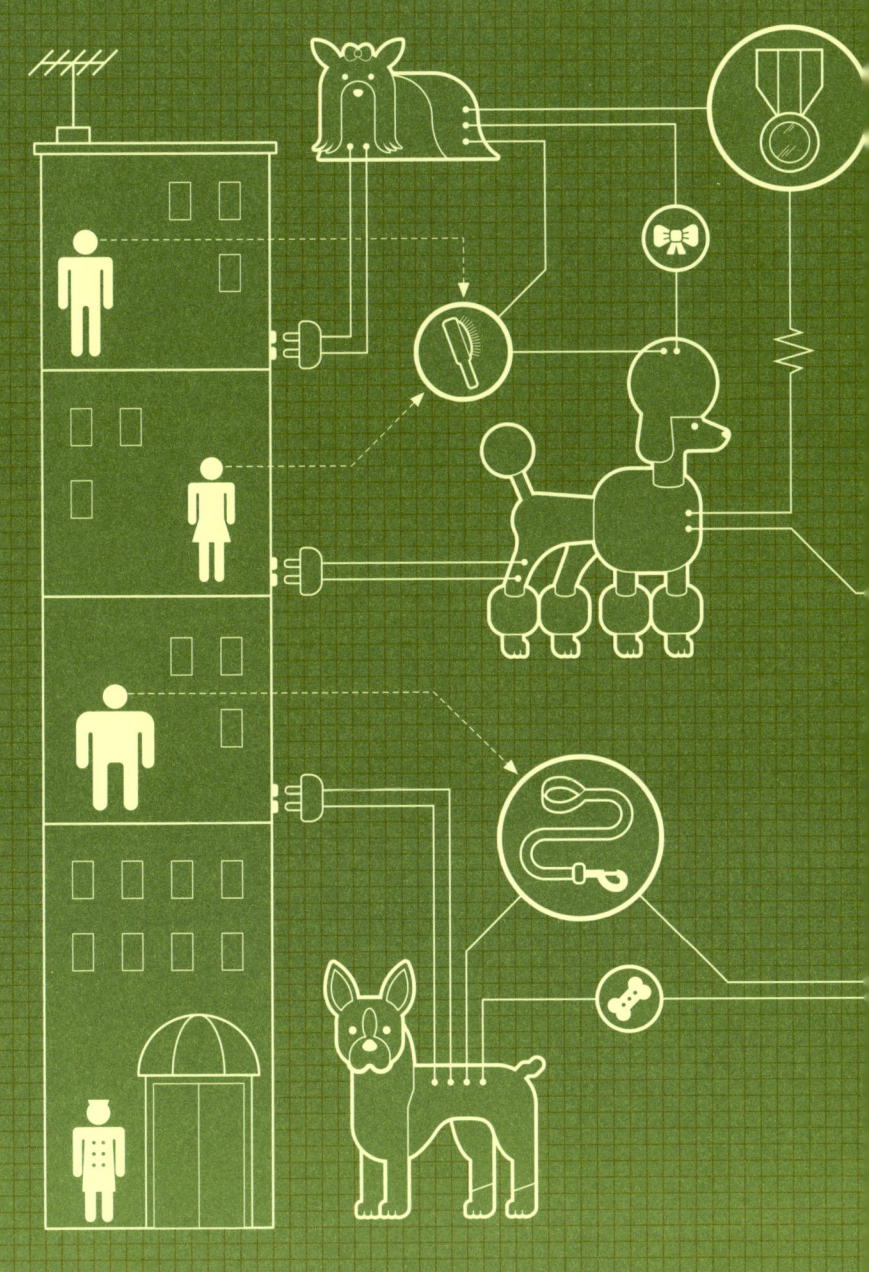

Übersicht über Marken und Modelle

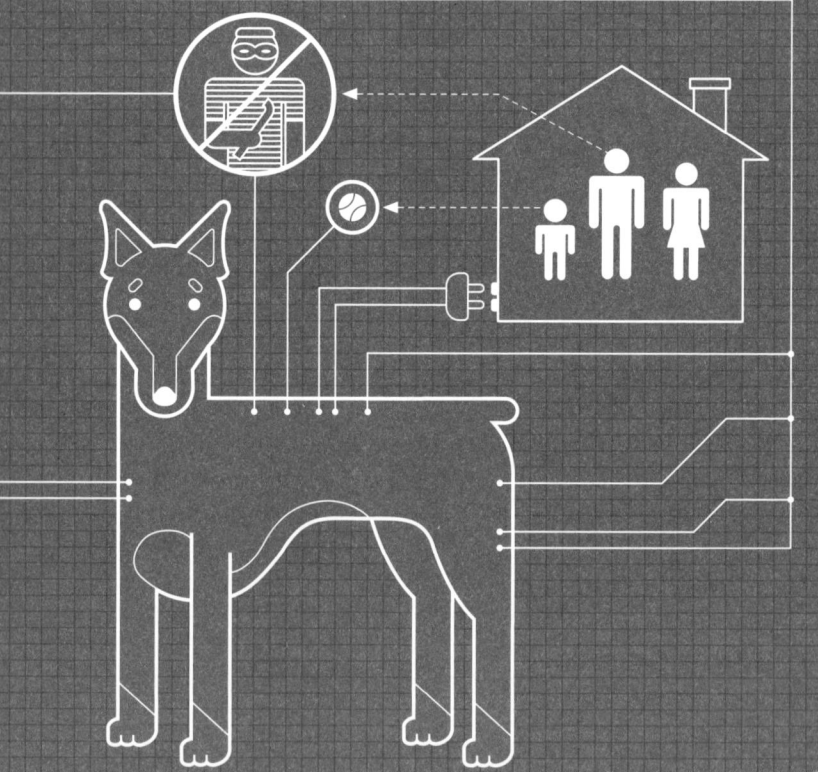

Kleine Produktgeschichte

Schon vor Beginn der Zivilisation waren Hunde bei den Menschen hoch geschätzt. Doch gerade weil die Beziehung zwischen Hund und Mensch schon so alt ist, wissen wir wenig darüber, wie sie in längst vergangenen Zeiten einmal entstand.

Experten sind der Meinung, dass der Haushund (*Canis familiaris*) eine Weiterentwicklung seines wilden Vetters, des Wolfs (*Canis lupus*), ist. Obwohl es sich beim Wolf um ein erheblich weniger benutzerfreundliches System (Abb. A) handelt, entsprechen viele Aspekte seiner Grundprogrammierung (Treue, Mut und eine hohe soziale Kompetenz) denen, die der Mensch am Hund schätzt. Über zahllose Generationen hinweg wurde das Verhalten des Wolfes durch selektive Züchtung verändert, um erwünschte Eigenschaften zu verstärken und unerwünschte wie etwa die große Aggressivität abzuschwächen. Das Ergebnis wurde zu einer der größten Erfolgsgeschichten des Marketing. Heute gibt es allein in Deutschland schätzungsweise knapp fünf Millionen Hunde (Abb. B), weltweit aber nur etwa 100 000 Wölfe.

Die physischen Unterschiede zwischen *Canis familiaris* und *Canis lupus* können recht erheblich sein. Während die Körpermerkmale bei Wölfen standardisiert sind, werden Hunde in den unterschiedlichsten Formen und Größen angeboten. Jede Eigenschaft, von der Größe bis hin zur Länge und Farbe des Fells, variiert von Rasse zu Rasse und von Einzelprodukt zu Einzelprodukt.

Anders verhält es sich mit dem Betriebssystem, das bei Hund und Wolf immer noch weitgehend gleich ist. So entspringt etwa die Bereitschaft des Hundes, mit Menschen zusammenzuleben, direkt der Präferenz seines wilden Vorfahren für das Leben und die Jagd im Rudel. Auch der legendäre Mut des Hundes bei der territorialen und persönlichen Verteidigung, seine Fähigkeit, Befehle zu verstehen und zu befolgen und selbst seine Hingabe an Kinder sind dem Rudelverhalten zuzuschreiben.

Gewiss, auch beim Hund wurden nicht alle negativen Programmelemente gelöscht. So möchte er wie der Wolf ständig seinen Status im

Rudel verbessern – meist indem er sich gegenüber schwächeren Mitgliedern dominant verhält. In der Natur wird so das stärkste Tier zum Anführer. In der häuslichen Situation kann ein Hund, der versucht dominant zu sein, jedoch aggressiv, unkontrollierbar oder zumindest anstrengend werden. Zum Glück lassen sich solche Programmfehler durch sorgfältige Sozialisation und strenge Disziplin in den meisten Fällen beheben.

CANIS LUPUS VERSUS CANIS FAMILIARIS

(Abb. A)
Canis lupus 10 000 v. Chr.

(Abb. B)
Canis familiaris heute

Einteilung in unterschiedliche Warengruppen

Die Mehrzahl der Hunde dieser Welt entstand durch zufällige Kreuzung. Sie werden als Mischlinge oder Bastarde bezeichnet. Aber es gibt auch zahlreiche selektiv gezüchtete Modelle, bei denen bestimmte Körpermerkmale und/oder spezifische Verhaltensweisen exakt kopiert werden. Diese Hunde bezeichnet man als »reinrassig«. Amerikas führender Rassehundeverband etwa, der American Kennel Club, unterscheidet folgende sieben Hauptgruppen:

Apportier-, Stöber- und Sporthunde: Zu dieser Gruppe gehören vor allem Retriever, Setter und Spaniels wie Golden Retriever, Labrador, Weimeraner, Cocker Spaniel und Irish Setter. *Beste Eigenschaften:* Alle Modelle sind aktive temperamentvolle Persönlichkeiten. *Nachteile:* brauchen regelmäßige, ausgiebige Bewegung.

Arbeits- und Gebrauchshunde: wurden u. a. zur Bewachung und für Rettungseinsätze entwickelt und zählen zu den stärksten, robustesten Rassen. Zu ihnen gehören Deutscher Schäferhund, Deutsche Dogge, Rottweiler, Neufundländer, Bernhardiner und Dobermann. *Beste Eigenschaften:* Wegen ihres Mutes und ihrer Größe eignen sich viele dieser Modelle ideal als Schutzhunde. *Nachteile:* müssen sorgfältig erzogen und sozialisiert werden.

Kleinhunde: Mitglieder dieser Gruppe sind meist sehr klein und oft klassische Schoßhunde. Zu ihnen gehören Malteser, Chihuahua, Shih Tzu, Pekinese und Pomeraner. *Beste Eigenschaften:* perfekt für Stadtbewohner mit wenig Platz. *Nach-*

teile: Nicht alle Schoßhunde sind friedlich. Vor allem Chihuahuas und Pomeraner können ihren User auf vielfältige Weise herausfordern.

Terrier: entwickelt, um Beutetiere (von der Ratte bis hin zum Dachs) zu jagen, zu stellen und zu töten. Terrier sind bekannt für ihre eigenwillige (manche würden sagen: herausfordernde) Persönlichkeit. Diese energischen Modelle sind nicht unbedingt für phlegmatische Couch-Potatoes geeignet. Bekannte Vertreter sind Cairn Terrier, Jack Russell Terrier, Bull Terrier, Border Terrier und American Staffordshire Terrier. *Beste Eigenschaften:* Terrier besitzen enorme Vitalität und einen interessanten Charakter. *Nachteile:* sind anderen Hunden gegenüber sehr aggressiv und tanzen willensschwachen Usern gern auf der Nase herum.

Jagd-, Lauf- und Schweißhunde: lose Gruppe aus verschiedenen Modellen, die ursprünglich für die Jagd im offenen Gelände entwickelt wurden, heute aber hauptsächlich als Haustiere genutzt werden wie verschiedene Vorstehhunde oder Beagle, Basset, Rhodesian Ridgeback, Greyhound und Borzoi. *Beste Eigenschaften:* Wenn die Modelle nicht jagen, sind sie häufig friedliche, gelassene Hunde. *Nachteile:* Einige Modelle wie etwa Beagles heulen regelmäßig laut und lang gezogen. Dies sollte man vor Anschaffung eines solchen Modells erst austesten.

Gesellschafts- und Begleithunde: große Gruppe unterschiedlicher Größe, Gestalt und Wesensart. Am besten lassen sie sich durch das definieren, was sie *nicht* sind (keine Jagdhunde, keine Terrier, keine Arbeitshunde). Bekannte

Vertreter sind Bichon Frisé, Bulldogge, Pudel und Dalmatiner. *Beste Eigenschaften:* Vom Wachhund bis zum Schoßhund bietet diese Gruppe Modelle für jeden Lebensstil. *Nachteile:* Die Verschiedenartigkeit macht allgemeine Aussagen über Verhalten und/oder physische Bedürfnisse unmöglich.

Hüte- und Treibhunde: Wie der Name besagt, passen Mitglieder dieser Gruppe auf andere Tiere auf. Zu ihnen zählen Collie, Border Collie, Bobtail und Welsh Corgie (sehr kleines, langsames Modell, das manchmal zum Hüten von Rinderherden eingesetzt wird). *Beste Eigenschaften:* Viele Hütehundrassen wie etwa Border Collies sind für ihre Intelligenz und Energie bekannt. *Nachteile:* Bei Hütehunden kann der Grat zwischen »intelligent und vital« und »nervös und hysterisch« sehr schmal sein. Fehlt einem Hütehund regelmäßige, anregende Beschäftigung, kann er seine Energien gegen Ihr persönliches Hab und Gut richten.

Spitzenmodelle

Von den Hunderten Hunderassen, die im Angebot sind, erfreuen sich nur relativ wenige weltweiter Popularität. Die folgenden Modelle sind entweder weit verbreitet oder so bekannt, dass sie besondere Erwähnung verdienen. Sollten Sie an einem dieser Modelle Interesse haben, erhalten Sie bei einem Tierarzt oder örtlichen Rassehundeverein weitere Informationen. Kaufen Sie einen Rassehund stets bei einem vom Verband für das Deutsche Hundewesen (VDH) empfohlenen Züchter.

Akita Inu: ursprünglich als Kampf- und Wachhund gezüchtet, heute Nationalhund Japans. *Schulterhöhe:* 64–71 cm. *Gewicht:* 34–45 kg. *Optik:* dickes Fell; hat große Ähnlichkeit mit westlichen Arbeitshunden wie Deutschem Schäferhund und Husky; kräftige Statur, breite Rute. *Beste Eigenschaften:*

Sehr intelligent und seinem Herrn treu ergeben. *Nachteile:* kann bei einem schwachen Besitzer dominant sein. Anderen Hunden gegenüber aggressiv. *Programmeigenheiten:* ausgezeichnetes Gedächtnis. *Idealer User:* starke Persönlichkeit mit viel Energie, die sein Bedürfnis nach Bewegung und fester Führung befriedigt.

American Staffordshire Terrier: Ursprünglich für Hundekämpfe und Stierhetze gezüchtet; in Relation zum Gewicht wohl der stärkste Hund der Welt. *Schulterhöhe:* 41–46 cm. *Gewicht:* 17–20 kg. *Optik:* kurzes, glattes Fell in einer Vielzahl von Farben. Extrem kräftige Statur, gewölbte Brust, ausgeprägte Muskeln, breiter Kiefer. *Beste Eigenschaften:* Gut gezüchtete Modelle sind zuverlässige, treue Gefährten. *Nachteile:* Schlechte Modelle können in den Händen inkompetenter User sehr gefährlich sein. *Programmeigenheiten:* schmerzunempfindlich, absolut furchtlos. *Idealer User:* starke, vitale Persönlichkeit, die die zarte Seite dieses Modells zu wecken vermag.

Basset: Abkömmling des Bluthundes mit kurzen Beinen, die entwickelt wurden, damit die Jäger besser mit dem Hund Schritt halten können. *Schulterhöhe:* 38 cm. *Gewicht:* 18–23 kg. *Optik:* kurzes, glattes Fell, kurze Beine und lange Ohren, die auf dem Boden schleifen können. *Beste Eigenschaften:* geduldig, seiner Familie treu ergeben, kinderlieb, friedlich. *Nachteile:* Erziehung ist sehr schwierig. *Programmeigenheiten:* hat eine der besten Nasen der Hundewelt. *Idealer User:* jeder, der ihm genug Bewegung verschafft (Bassets nehmen leicht zu) und reichlich Zuwendung gibt.

Beagle: einer der ältesten europäischen Jagdhunde, mindestens seit dem 14. Jh. bekannt. *Schulterhöhe:* 33–41 cm. *Gewicht:* 12–15 kg. *Optik:* glattes Fell, Hängeohren. *Beste Eigenschaften:* kinder- und familienfreundlich, praktisch aggressionsfrei. *Nachteile:* leicht abzulenken. Ein interessanter Duft und schon ist ein unangeleinter Beagle verschwunden. Frisst gern zu viel. *Programmeigenheiten:* Beagles künden die Ankunft Fremder mit haarsträubendem, lang gezogenem Bellen/Heulen an. *Ideale User:* Familien mit Kindern.

Boxer: hat seinen Namen, weil er angeblich gern auf den Hinterbeinen stehend mit den Vorderbeinen »boxt«. *Schulterhöhe:* 53–63 cm. *Gewicht:* 24–32 kg. *Optik:* Kurzes, glattes Fell, muskulöser Körper, flache Nase, einschüchternder Gesichtsausdruck. *Beste Eigenschaften:* großartiger Wachhund, aber auch kinderlieb. *Nachteile:* relativ kurze Lebenserwartung (meist unter zehn Jahre). *Programmeigenheiten:* ist zwar ungestüm, aber erheblich weniger aggressiv als andere beliebte Wachhundrassen wie Deutscher Schäferhund und Rottweiler. *Ideale User:* Familien mit Kindern.

Chihuahua: wohl im präkolumbischen Mexiko entwickelt und kleinste Hunderasse der Welt. *Schulterhöhe:* 15–23 cm. *Gewicht:* 0,5–3 kg. *Optik:* Fell kann lang oder kurz sein. Kopf entweder länglich mit gut entwickelter Schnauze oder rundlich (große Augen, großer Schädel, kurze Schnauze). *Beste Eigenschaften:* Lebhafter Hund mit hitziger, unterhaltsamer Persönlichkeit. Ausgezeichneter Wachhund. *Nachteile:* Seine geringe Größe macht ihn etwas empfindlich. Erwachsene Hunde haben eine kleine Öffnung in der Schädeldecke, die sie anfällig für Kopfverletzungen macht. *Programmeigenheiten:* Chihuahuas scheinen sich ihrer geringen Größe nicht bewusst zu sein und greifen ohne Zögern Hunde an, die 20-mal größer sind. Dies muss verhindert werden! *Ideale User:* Appartementbewohner und Senioren.

Collie: im schottischen Hochland als Hütehund entwickelt. *Schulterhöhe:* 56–61 cm. *Gewicht:* 22–32 kg. *Optik:* ästhetisch sehr ansprechend. Hat dichtes Fell, das sandfarben, dreifarbig oder bläulich schimmernd sein kann. Auch als Kurzhaarmodell erhältlich. *Beste Eigenschaften:* zuverlässig, hochintelligent. *Nachteile:* eigensinnig, aber auch sensibel und ängstlich; Erziehung kann etwas schwierig sein. *Programmeigenheiten:* Collies wurden ursprünglich zum Hüten einer Herde entwickelt und ergreifen oft jede Gelegenheit, dieses Unterprogramm zu nutzen. Dann treiben sie auch Kinder, andere Haustiere und selbst Erwachsene zusammen. *Idealer User:* jeder, der gewillt ist, die erheblichen Kosten für die Fellpflege auf sich zu nehmen (und erhebliche Mengen sandfarbener, dreifarbiger oder bläulicher Haare auf seinen Möbeln zu tolerieren).

Dachshund (Dackel): zum Aufspüren von Wildtieren in unterirdischen Bauen entwickelt. *Schulterhöhe:* 20–25 cm. *Gewicht:* 5–7 kg. *Optik:* kurze Beine, langer Körper. Als Langhaar-, Kurzhaar- und Drahthaarmodell erhältlich. *Beste Eigenschaften:* gutmütiger Hund mit wenig Softwarefehlern. *Nachteile:* kann im Umgang mit Kindern problematisch sein; schwer erziehbar. *Programmeigenheiten:* Dackel wurden als furchtlose Jäger entwickelt. Sie erinnern zwar an Schoßhunde, verhalten sich aber wie Terrier. Alles andere als ein ruhiger Couchgefährte. *Idealer User:* Jeder, der bereit ist, genügend Zeit aufzubringen, um seinen Dackel anständig zu erziehen.

Deutscher Schäferhund: als Hütehund entwickelt. *Schulterhöhe:* 56–66 cm. *Gewicht:* 28–35 kg. *Optik:* meist kurzes graues oder rötliches Fell mit schwarzer oder hellbrauner »Decke«. Es gibt aber auch andere Farbkombinationen, vollkommen schwarze Modelle und solche mit mittellangem und langem Fell. *Beste Eigenschaften:* hochintelligent, leicht erziehbar. *Nachteile:* haart ständig. *Programmeigenschaften:* Schäferhunde lieben es, auf allen denkbaren Gebieten zu arbeiten. *Idealer User:* jeder, der den Hund beschäftigen und seine Neigung zu Aggressivität unter Kontrolle halten kann.

Dobermann: in der 1860er Jahren von dem Abdecker, Steuereintreiber und Hundefänger Louis Dobermann entwickelt. *Schulterhöhe:* 69–71 cm. *Gewicht:* 30–40 kg. *Optik:* Fell kurz, glatt, fast schwarz (aber auch Farbvarianten wie bläulich und rötlich sind erhältlich). Sehr muskulöser, anmutiger Körper, Hängeohren. *Beste Eigenschaften:* einzigartiger, hochdisziplinierter Wachhund. *Nachteile:* kann bei unsachgemäßer Bedienung sehr aggressiv sein. *Programmeigenheiten:* Dobermänner sind extrem intelligent und für kompliziertes Training geeignet. Männchen können erheblich aggressiver als Weibchen sein. *Idealer User:* erfahrener Halter, der sorgfältige Erziehung und ständige Disziplin gewährleisten kann. Kein Hund für Anfänger.

1. Akita Inu
2. Basset
3. Collie
4. Dobermann
5. American Staffordshire Terrier
6. Dachshund (Dackel)
7. Boxer
8. Beagle
9. Chihuahua
10. Deutscher Schäferhund

Spitzenmodelle: Das Angebot an Hunderassen ist groß. Zu den beliebtesten

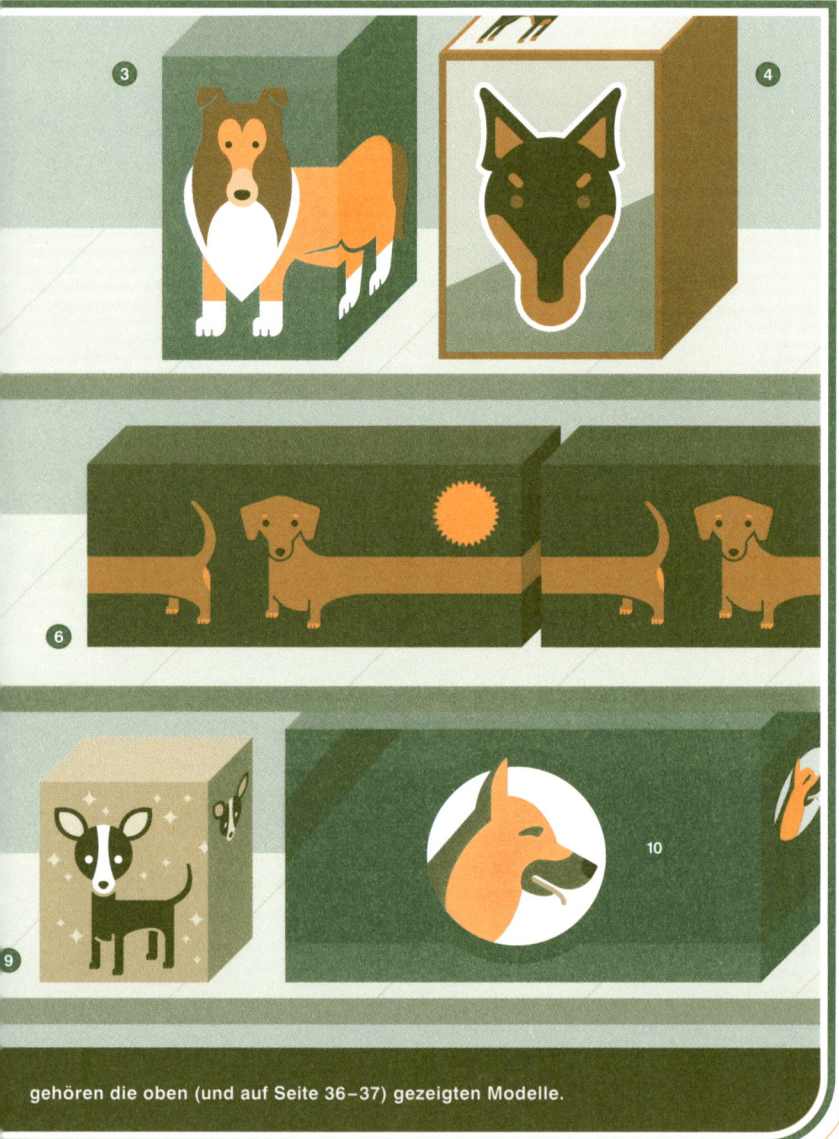

gehören die oben (und auf Seite 36–37) gezeigten Modelle.

Golden Retriever: Die Rasse soll im 19. Jh. durch Paarung eines Retrievers mit gelbem, gewelltem Fell mit einem Tweed Water Spaniel entstanden sein. *Schulterhöhe:* 51–61 cm. *Gewicht:* 27–37 kg. *Optik:* goldfarbenes glattes oder leicht welliges Fell. Freundlich, stets heiterer Gesichtsausdruck. *Beste Eigenschaften:* liebenswürdig, verspielt und sanft. Als idealer Familienhund ohne Konkurrenz. *Nachteile:* als Schutzhund völlig nutzlos. *Programmeigenheiten:* ursprünglich als Jagdhund gezüchtet, mitunter noch als solcher genutzt. *Idealer User:* jeder, der ihm die Aufmerksamkeit und tägliche Bewegung gibt, die er braucht.

Greyhound: schnellster Hund, der mehr als 60 km/h erreichen kann. *Schulterhöhe:* 69–79 cm. *Gewicht:* 25–30 kg. *Optik:* kurzes Fell in vielen Farben. Schlanker, kräftiger Körper. *Beste Eigenschaften:* trotz seiner enormen Schnelligkeit fügsames, manierliches Haustier. *Nachteile:* braucht sehr viel Bewegung. *Programmeigenheiten:* sein Jagdtrieb ist so ausgeprägt, dass er sich durch nichts abstellen lässt. Muss in der Öffentlichkeit stets angeleint sein. Wird leicht durch sich bewegende Objekte und/oder kleine Tiere (einschließlich Katzen) abgelenkt, die er oft über große Entfernungen jagt und – falls man ihn nicht daran hindert – tötet. *Idealer User:* sportlicher Besitzer, der ihm die nötige Bewegung verschafft.

Jack Russell Terrier: im 19. Jh. von dem englischen Pfarrer und Hundezüchter Jack Russell entwickelt. *Schulterhöhe:* 33–36 cm. *Gewicht:* 4–8 kg. *Optik:* Als Glatthaar- und Rauhhaarmodell erhältlich. Körperform, Beinlänge und Gesicht sind bei den einzelnen Tieren unterschiedlicher als bei anderen Rassen. *Beste Eigenschaften:* hochintelligenter, extrem sportlicher Begleiter mit einer der lebhaftesten Persönlichkeiten in der Hundewelt. *Nachteile:* der vielleicht intelligenteste und temperamentvollste Terrier. *Programmeigenheiten:* wurde ursprünglich gezüchtet, um Wildtiere in ihren unterirdischen Bauen zu jagen. Er wird daher jagen, kämpfen und den Garten umgraben. *Idealer User:* erfahrener Hundehalter, der die notwendige Erziehung und eine feste Hand gewährleisten kann.

Labrador Retriever: in den USA beliebtestes Hundemodell. **Schulterhöhe:** 53–61 cm. **Gewicht:** 25–36 kg. **Optik:** In Schwarz, Schokoladenbraun und Gelb erhältlich. Hat wasserabweisendes Fell und Schwimmhäute zwischen den Zehen. **Beste Eigenschaften:** großartiger Familienhund. Liebt Kinder und toleriert Fremde. **Nachteile:** als Wachhund absolut nutzlos. Frisst gern zu viel. **Programmeigenheiten:** Da Labradore entwickelt wurden, um geschossenes Wildbret aus dem Wasser zu holen, sind sie begeisterte Schwimmer und machen sich gern nass. **Ideale User:** Familien, die an einem See wohnen.

Mops: Angeblich wurde der Mops von Dschingis Khan nach Europa gebracht. **Schulterhöhe:** 25–30 cm. **Gewicht:** 6–8 kg. **Optik:** kurzes, glattes Fell in Silber, Schwarz oder Beige, Gesicht stets schwarz. Platte Nase, große, ausdrucksvolle Augen, sehr stämmiger Körper. **Beste Eigenschaften:** Unterhaltsamer kleiner, pflegeleichter Hund, kinderlieb. **Nachteile:** Schnarcht laut und gnadenlos. **Programmeigenheiten:** passt sich fast allen Lebensbedingungen problemlos an, vom kleinen Appartement mit einem Bewohner bis hin zu einem großen Haus voller Kinder. **Idealer User:** jeder, dem das Schnarchen nichts ausmacht.

Neufundländer: Arbeitshund, der früher für die Fischer Lasten trug und ihnen beim Einholen der Netze half. **Schulterhöhe:** 66–71 cm. **Gewicht:** 45–68 kg. **Optik:** langes, wasserabweisendes schwarzes oder braunes Fell, kräftiger, stämmiger Körper, Schwimmhäute zwischen den Zehen. **Beste Eigenschaften:** trotz seiner furchteinflößenden Größe und Kraft sanftmütig und ein guter Familienhund. **Nachteile:** sabbert stark. Fell bedarf regelmäßiger, sorgfältiger Pflege. Als Wohnungshund ungeeignet. **Programmeigenheiten:** Aufgrund ihrer Kraft und Affinität zum nassen Element werden Neufundländer mitunter im Wasser als Rettungshunde eingesetzt. **Ideale User:** Familien mit einem großen Haus und Garten.

Pekinese: ehemals feste Institution am chinesischen Kaiserhof. Wurde im 19. Jh. in den Westen gebracht. *Schulterhöhe:* 15–23 cm. *Gewicht:* 5–6 kg. *Optik:* langes seidiges Fell, schwarzes Gesicht, das von einer löwenartigen Mähne umrahmt wird. In vielen Farben erhältlich. *Beste Eigenschaften:* sanftmütig und seinem Besitzer ergeben. *Nachteile:* hat mit Kindern wenig Geduld. Erziehung zum Gehorsam ist sehr schwierig, aber nicht unmöglich. *Programmeigenheiten:* Obwohl schwer erziehbar, ist der Pekinese im Grunde unkompliziert und umgänglich. Problemen geht er aus dem Weg. *Idealer User:* jeder, der kleine Hunde liebt.

Pudel: ursprünglich ein Jagdhund mit einer starken Affinität zum Wasser. Sein Name leitet sich von dem deutschen Wort *pudeln* ab, was »im Wasser plätschern« bedeutet. In vier verschiedenen Größen als Groß-, Klein-, Zwerg- oder Toypudel erhältlich. *Schulterhöhe:* Großpudel 46–58 cm; Kleinpudel 36–46 cm; Zwergpudel 28–36 cm; Toypudel bis 25 cm. *Gewicht:* Großpudel 22 kg; Kleinpudel 12 kg; Zwergpudel 7 kg; Toypudel bis 5 kg. *Optik:* Alle haben dickes, wolliges Fell, das unterschiedlich gefärbt sein kann. *Beste Eigenschaften:* hochintelligent; liebenswürdige ausgeglichene Persönlichkeit. *Nachteile:* Obwohl die meisten Pudel für ihre Ausgeglichenheit berühmt sind, neigen Zwerg- und Toypudel zum Beißen. *Programmeigenheiten:* lernbegierig und leicht erziehbar. *Idealer User:* praktisch für jeden geeignet.

Shih Tzu: chinesischer Hund, möglicherweise Kreuzung zwischen Pekinese und Lhasa Apso. *Schulterhöhe:* 20–28 cm. *Gewicht:* 4–7 kg. *Optik:* langes seidiges Haar in vielen verschiedenen Farben. *Beste Eigenschaften:* perfekter Schoßhund – schon früher in China, wo er am Kaiserhof sehr beliebt war. *Nachteile:* außer Schmusen keine besonderen Talente. *Programmeigenheiten:* ruhiges Wesen, seinem Besitzer ergeben. *Idealer User:* jeder, der einen pflegeleichten Hund sucht. Mit Ausnahme des Fells ist am Shih Tzu alles pflegeleicht.

Yorkshire Terrier: ursprünglich im englischen Yorkshire entwickelt, um in Kohleminen Ratten zu jagen. *Schulterhöhe:* 18–23 cm. *Gewicht:* 3 kg. *Optik:* langes, glänzendes, feines Fell, das an Kopf, Brust und Beinen goldfarben, sonst aber stahlblau ist. *Beste Eigenschaften:* fröhlicher, lebhafter Hund mit dem Wesen größerer Terrier. *Nachteile:* greift erheblich größere Hunde an. Kann schwer erziehbar sein. Fell muss regelmäßig gepflegt werden. *Programmeigenheiten:* sieht wie ein Schoßhund aus, hat aber das aggressive, temperamentvolle Wesen anderer Terrier. *Idealer User:* jeder, der einen ausgesprochen temperamentvollen Hund handhaben kann.

Spitzenmodelle: Das Angebot an Hunderassen ist groß. Zu den beliebtesten

1. Labrador Retriever
2. Pudel
3. Greyhound
4. Pekinese
5. Jack Russell Terrier
6. Yorkshire Terrier
7. Golden Retriever
8. Neufundländer
9. Shih Tzu
10. Mops

gehören die oben (und auf Seite 30–31) gezeigten Modelle.

Nicht standardisierte No-Name-Produkte

Es gibt über 500 Hunderassen, aber die Zahl der Rassehunde erscheint verglichen mit der weltweiten Zahl von Mischlingen oder Bastarden gering. Letztere sind hauptsächlich über Verteilerkanäle wie Privathalter oder Tierheime erhältlich, und ihre extrem individuelle Software und mechanische Konstruktion haben sowohl Vor- als auch Nachteile. Anders als bei Rassehunden ist die Software von Mischlingen nicht darauf ausgerichtet, eine oder mehrere Eigenschaften zu verstärken (wie etwa bei Border Collies das Hüten oder bei Schäferhunden das Revierverhalten). Sie besitzen sehr unterschiedliche Temperamente und Fähigkeiten, und um die Leistungsmerkmale eines bestimmten Modells herauszufinden, gibt es nur die Möglichkeit, es eingehend zu beobachten.

Andererseits verfügen Mischlinge über wichtige Vorteile bei der Hardware. Bei der Züchtung reinrassiger Hunde werden nicht nur bestimmte körperliche und geistige Merkmale verstärkt, sondern auch etwaige genetische Defekte, was diese anfällig für zahlreiche Probleme von Hüfterkrankungen bis hin zu Hautleiden macht. Bei Mischlingen treten aufgrund ihres Gencocktails dergleichen Schwächen nur selten auf.

Sollten Sie an einer speziellen Rasse interessiert sein, die sehr teuer ist, wäre die Alternative ein Mischling, der aufgrund seiner Abstammung Eigenschaften dieses Modells besitzt. Mit etwas Glück erhalten Sie so einen gesünderen, erschwinglicheren Hund mit allen positiven Eigenschaften der gewünschten Rasse.

BEISPIELE FÜR MISCHLINGE

(Abb. A)
PLUTO
Dobermann
42%
Pekinese
11%
Mops
47%
(Abb. B)
BELLO
Akita
23%
Boston Terrier
31%
Schnauzer
46%
(Abb. C)
BELLA
Basset
9%
Dackel
49%
Pudel
42%
(Abb. D)
DAISY
Collie
26%
Shih Tzu
58%
Yorkshire Terrier
16%

Auswahl eines geeigneten Modells

Die Auswahl des richtigen Modells aus einer so umfangreichen Produktlinie erfordert große Sorgfalt. Dabei sollten Sie folgende Faktoren berücksichtigen:

Größe: Als Faustregel gilt, dass größere Modelle für kleine Wohnungen oder Häuser mit kleinen oder nicht eingezäunten Gärten ungeeignet sind, aber es gibt Ausnahmen. Einige ruhigere große Hunde wie der Golden Retriever kommen mit begrenztem Wohnraum besser zurecht als beispielsweise ein temperamentvoller Schnauzer. Daher ist bei der Wahl der Rasse die Berücksichtigung von Temperament und Bewegungsdrang ebenso wichtig wie die Größe.

Felltyp: Langhaarmodelle haaren meist stark und benötigen regelmäßige und teure professionelle Fellpflege. Kurzhaarmodelle brauchen weniger Pflege, können aber ebenso viele Haare verlieren. Schuppen von Hunden verschlimmern zudem bei manchen Menschen Allergien. Einige Modelle wie etwa der Pudel sind in dieser Hinsicht unproblematischer.

Charakter: Da bestimmte Rassehunde bestimmte Charaktereigenschaften haben, ist es wichtig, dass Sie sich ein zu Ihren Lebensumständen passendes Modell aussuchen. Informieren Sie sich durch Hundebücher, und verbringen Sie nach Möglichkeit etwas Zeit bei einem Halter Ihres Wunschmodells. Besonders wichtig ist dies bei der Anschaffung eines Mischlingshundes: Hier sollten Sie bereits vorher einige Zeit gemeinsam mit dem Tier verbringen, um seinen Charakter kennen zu lernen. Handelt es sich bei den Elterntieren offenbar um einander nahestehende Rassen, lässt sich der Charakter des Mischlings oft leichter einschätzen. Bei sehr unterschiedlichen Eltern (z. B. einem Deutschen Schäferhund und einem Terrier) ist dies möglicherweise schwieriger.

Bewegung: Gehen Sie gern Freizeitaktivitäten im Freien nach, bei denen Sie der Hund begleiten soll, ist vielleicht ein großer bewegungsfreudiger Hund oder temperamentvoller Terrier eine gute Wahl. Jemand, der Sport lieber im Fernsehen anschaut, als ihn aktiv zu betreiben, sollte sich eher für ein Modell mit weniger Bewegungsdrang entscheiden.

Zeitaufwand: Haben Sie die Möglichkeit, an Arbeitstagen zwischendurch nach Hause zu gehen, um den Hund Gassi zu führen? Denken Sie daran, dass zwar manchen Modellen (wie Sheltie, Bluthund und Golden Retriever) das Alleinsein nichts ausmacht, viele andere (wie Border Collie und Wheaten Terrier) aber unter Trennungsängsten leiden können. (Siehe »Verhaltensstörungen«, Seite 184–185.)

Familie/Mitbewohner: Vergewissern Sie sich vor der Anschaffung eines Hundes, dass alle Mitglieder in Ihrem Haushalt damit einverstanden sind. Denken Sie daran, dass Modelle, die zu Beißen oder aggressivem Verhalten neigen, für Familien mit kleineren Kindern in den meisten Fällen ungeeignet sind. Ziehen Sie auch mögliche Reaktionen bereits vorhandener Haustiere in Betracht.

Finanzieller Aufwand: Die Haltung eines Hundes ist mit ständigen Ausgaben verbunden. Futter, Tierarztrechnungen, Fellpflege und andere Kosten summieren sich jährlich zu einigen hundert Euro. Falls Ihnen dies viel erscheint, denken Sie lieber über die Anschaffung preiswerterer Haustiere wie etwa Sittiche oder Wüstenrennmäuse nach.

⚠ *ACHTUNG: Die Anschaffung eines Hundes verändert das Leben nachhaltig und sollte daher sorgfältig überlegt werden. Ebenso darf ein Hund auch niemals ein Überraschungsgeschenk für einen Dritten sein. Solche »Überraschungen« landen jedes Jahr zu Tausenden in Tierheimen.*

Vorteile der Hundehaltung

Der psychologische Nutzen, einen eigenen Hund zu halten, ist allgemein bekannt. Ein gut erzogenes Tier bietet Gesellschaft, bedingungslose Liebe und oft auch Freundschaft, die ebenso eng wie mit einem Menschen sein kann. Zudem kann ein Hund zum festen Bestandteil der Familie werden. Tatsächlich erzählen die meisten Erwachsenen, die zu ihren Kindheitserinnerungen befragt werden, meist von einem Erlebnis mit ihrem Hund.

Hunde können dem Menschen in Krisenzeiten eine Stütze sein, indem sie dabei helfen, seelische Belastungen zu ertragen. Studien haben gezeigt, dass der Besitz – und selbst die Nähe – eines Hundes bei Menschen den Blutdruck senkt und den Stressabbau unterstützt, was auf lange Sicht Herzerkrankungen verhindern kann. Hundehalter gehen auch seltener zum Arzt. Ein gutartiger Hund kann zudem dabei helfen, Depressionen und Einsamkeit zu lindern – einer der Gründe, weshalb Hunde oft in Pflegeheimen und Krankenhäusern eingesetzt werden. Angesichts all dieser Vorteile scheinen die relativ geringen Kosten für die Haltung eines Hundes eine kluge Investition.

Neue Modelle versus gebrauchte Modelle

Welpe

Vorteile: Bei einem Welpen können Sie die Software Ihren Bedürfnissen entsprechend (bis zu einem gewissen Grad) modifizieren. Welpen passen sich zudem leichter einer neuen Umgebung und anderen Familienmitgliedern an. *Nachteile:* Die Erziehung eines Welpen kann schwierig, zeitaufwändig und teuer sein. Mitunter richtet er beträchtliche Schäden an, die von Flecken auf Teppichen über zernagtes Mobiliar bis hin zur totalen Zerstörung persönlicher Besitztümer reichen können.

Erwachsenes Tier

Vorteile: Qualitativ hochwertige erwachsene Hunde sind meist schon mit der kompletten, für ein Leben in der Familie notwendigen Software (Stubenreinheit, Sozialisation, Grunderziehung) ausgestattet. *Nachteile:* Erwachsene

Hunde haben vielleicht Probleme, sich einer neuen Umgebung anzupassen. Zudem weisen manche Modelle schwer zu beseitigende Softwarefehler auf (starke Aggression, Zerstörungswut), die im System liegen können oder von einem Vorbesitzer versehentlich installiert wurden. Deshalb sollte ein Hund vor der Anschaffung sorgfältig auf derartige Probleme getestet werden. Ein Hundetrainer oder Tierarzt kann beurteilen, wie viel Arbeit notwendig ist, um erforderliche Korrekturen durchzuführen.

Auswahl des Geschlechts

Allgemein gilt, dass Weibchen (mit Ausnahmen) weniger Revierverhalten und Aggressivität zeigen als Männchen. Aber durch das (fast immer empfehlenswerte) Kastrieren eines Rüden werden diese Probleme auch bei ihm stark abgemildert. Hündinnen sind zudem etwas leichter erziehbar, was aber nicht bedeutet, dass alle Weibchen aller Rassen passiv und fügsam sind. So ist etwa eine Rottweilerhündin weniger aggressiv und selbstbewusst als ihr männliches Gegenstück, aber immer noch aggressiver und aufsässiger als die meisten Hunde anderer Rassen. Auch können kastrierte Hündinnen aggressiver sein als nicht kastrierte.

Auswahl eines Anbieters

Hunde werden von zahlreichen Einzelpersonen und Organisationen zum Verkauf oder zur Abgabe angeboten. Häufig bekommt man ein wohlerzogenes Modell bereits für wenig Geld oder ganz umsonst.

Tierheime

Vorteile: Diese Einrichtungen bieten eine große Auswahl an Modellen von Vorbesitzern an, die benutzerfreundlich und bereits für den Privatgebrauch konfiguriert sind. Gewöhnlich scannen Tierheime ihren Bestand (der von Mischlingen bis hin zu ausgefallensten Rassehunden reicht) auf spezifische Körpermerkmale und unerwünschte Charakterzüge. Zudem führen sie eine sorgfältige medizinische Untersuchung durch. Der Preis für die Tiere ist (vor

allem im Vergleich zu Zoohandlungen und Züchtern) meist gering. Einige dieser Einrichtungen setzen eine Probezeit für Hund und Besitzer an und verlangen Angaben zur Person und/oder den Nachweis, dass der neue Besitzer seinen Hund, falls notwendig, kastrieren lässt. *Nachteile:* keine. Beobachten Sie lediglich das Verhalten des Tieres sorgfältig, ehe Sie sich entscheiden. Und denken Sie daran: Die meisten Tiere sind nicht durch Eigenverschulden ins Heim gekommen, sondern weil ihre Besitzer sich nicht richtig um sie gekümmert haben oder ihrer überdrüssig wurden.

Zoohandlungen

Vorteile: finden sich beinahe überall. *Nachteile:* In Zoohandlungen angebotene Rassehunde haben mitunter eine zweifelhafte Herkunft und eine schlechte Gesundheit. Dennoch wird meist ein hoher Preis für sie verlangt. Da sie auf engem Raum aufgezogen wurden, sind sie oftmals schlecht sozialisiert und werden nur schwer stubenrein. Aus diesen Gründen raten Hundeexperten von Zoohandlungen ab. Zumindest sollten Tiere, die dort gekauft wurden, sorgfältig von einem Tierarzt auf körperliche und seelische Defekte untersucht werden.

Züchter

Vorteile: Ein anerkannter Züchter (erkundigen Sie sich bei einem Tierarzt oder dem Verband für das Deutsche Hundewesen [VDH] nach Adressen) ist oft die beste Quelle für sorgfältig aufgezogene, reinrassige Welpen. Häufig kann er selbst die detailliertesten Fragen über Abstammung, genetische Schwächen und Charakter Ihres Modells beantworten. *Nachteile:* gibt es eigentlich nicht. Vergewissern Sie sich, dass der Züchter qualifiziert ist. Er sollte Ihnen auch gestatten, sich bei ihm umzusehen, Ihnen die Namen von ehemaligen Kunden nennen und Ihnen detailliert Auskunft über Ihren Hund und dessen Abstammung geben können. Achten Sie darauf, dass das Tier alle in seinem Alter notwendigen Impfungen und tierärztlichen Untersuchungen erhalten hat und Sie eine schriftliche Garantie für seine Gesundheit bekommen. Andernfalls gehen Sie besser zu einem anderen Züchter.

Nothilfegruppen/Stiftungen

Vorteile: Diese Organisationen »retten« herrenlose Hunde spezieller Rassen und suchen für sie ein neues Zuhause. Das Internet bietet Informationen über zahlreiche solcher Gruppen, die sich von Jack Russell Terriern bis hin zu Neufundländern auf verschiedene Rassen spezialisiert haben. Sie sind eine ausgezeichnete Quelle für bestimmte Modelle. *Nachteile:* Möglicherweise finden Sie in Ihrer Gegend nicht das Modell, das Sie haben möchten.

Privatpersonen

Vorteile: Die Zeitungen sind voll mit Anzeigen für Welpen. Meist handelt es sich um Mischlinge, die umsonst oder gegen geringes Entgelt »in gute Hände« abgegeben werden. Diese Hunde sind in vielen Fällen großartige Hausgenossen. Dennoch sollten Sie die Jungtiere, ihre Umgebung und möglichst auch die Elterntiere sorgfältig in Augenschein nehmen. (Siehe »Checkliste für die Anschaffung eines Welpen«, Seite 46–47.) *Nachteile:* Solche Würfe wurden mitunter nicht ausreichend tierärztlich betreut oder sozialisiert. Überdies vergrößert die unkontrollierte Fortpflanzung das ohnehin schon ernste Problem der Überpopulation. Versuchen Sie zumindest den Besitzer davon zu überzeugen, dass er die Mutter (und möglichst auch den Vater) kastrieren lassen sollte.

⚠ *EXPERTENTIPP: Sollte Ihr eigener Hund nicht kastriert sein, sollten Sie dies, sobald es möglich ist, vornehmen lassen. (Siehe auch »Geschlechtsreife«, Seite 143–145.)*

Checkliste für die Anschaffung

Stellen Sie sich bei der Begutachtung eines Welpen folgende Fragen.
Im Idealfall sollten alle mit »Ja« beantwortet werden.

○ Ja
○ Nein

Sehen Sie sich nach Möglichkeit die Mutter des Welpen an. Ist sie frei von größeren körperlichen und/oder psychischen Defekten, die sie an ihren Nachwuchs vererbt haben könnte? (Der Welpe wird später aussehen wie seine Eltern und sich auch so verhalten.)

○ Ja
○ Nein

Ist der Welpe mindestens acht Wochen alt? (Früher sollten Hundekinder nicht von Mutter und Geschwistern getrennt werden.)

○ Ja
○ Nein

Wirkt der Welpe munter, zufrieden und kontaktfreudig? (Ein schüchterner Welpe kann zu einem schüchternen Hund heranwachsen.)

○ Ja
○ Nein

Wirkt der Welpe sanft und freundlich? (Vorsicht vor einem Hund, der bereits in diesem frühen Alter sehr aggressiv wirkt, d.h. knurrt und zubeißen will. Dies kann auf einen schwerwiegenden Soft-warefehler hinweisen.)

○ Ja
○ Nein

Hat der Welpe alle in seinem Alter notwendigen Impfungen und tierärztlichen Untersuchungen erhalten? (Siehe »Besuche beim Service-Provider«, Seite 155–156.)

○ Ja
○ Nein

Ist der Stuhl des Welpen fest? (Mit acht Wochen sollte der Stuhl auf Darmparasiten untersucht werden. Ein dünner Welpe ist möglicherweise fehlernährt oder verwurmt.)

○ Ja
○ Nein

Sind seine Augen klar und frei von etwaigen Absonderungen?

eines Welpen

**Selbst ein einziges »Nein«
bedarf sorgfältiger Prüfung.**

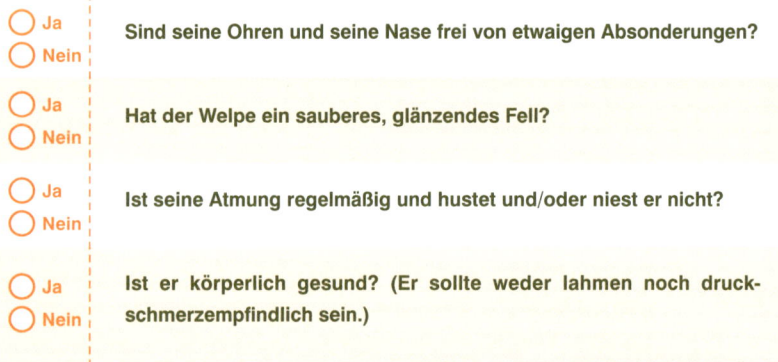

○ Ja
○ Nein   **Sind seine Ohren und seine Nase frei von etwaigen Absonderungen?**

○ Ja
○ Nein   **Hat der Welpe ein sauberes, glänzendes Fell?**

○ Ja
○ Nein   **Ist seine Atmung regelmäßig und hustet und/oder niest er nicht?**

○ Ja
○ Nein   **Ist er körperlich gesund? (Er sollte weder lahmen noch druck-schmerzempfindlich sein.)**

Zudem ist es wichtig, den Welpen auf spezielle genetisch bedingte Schäden hin (Hüftgelenksdysplasie, Herzerkrankungen, Blindheit usw.) untersuchen zu lassen, die besonders bei seiner Rasse gehäuft auftreten. In jedem Fall sollten Sie jedoch den endgültigen Erwerb des Tieres von einer Untersuchung und der Zustimmung durch Ihren Tierarzt abhängig machen. Werden in diesem Stadium Herzgeräusche, orthopädische Probleme oder andere schwere Funktions-störungen festgestellt, können Sie den Welpen noch zurückgeben, bevor Sie ihn ins Herz geschlossen haben.

⚠ *ACHTUNG: Wer kleine Kinder hat, sollte mit der Anschaffung eines sehr großen Hundes warten, bis die Kinder wenigstens sechs Jahre alt sind. Denken Sie auch daran, dass ein junger Hund mitunter die gleiche Arbeit macht wie ein kleines Kind und die Anschaffung eines Welpen in einem Haushalt mit kleinen Kindern zu Arbeitsüberlastung führen kann.*

Checkliste für die Anschaffung

Stellen Sie sich bei der Begutachtung eines erwachsenen Hundes folgende Fragen. Im Idealfall sollten alle mit »Ja« beantwortet werden.

○ Ja
○ Nein
Können Sie Kontakt mit dem Vorbesitzer des Hundes aufnehmen?

○ Ja
○ Nein
Gibt es Informationen über die Vorgeschichte des Hundes und weshalb er verkauft oder abgegeben werden soll?

○ Ja
○ Nein
Sind Sie sicher, dass der Hund nicht wegen einer schwerwiegenden Persönlichkeitsstörung wie Aggressivität und/oder Zerstörungswut abgegeben wird? (Dies muss nicht unbedingt gegen ihn sprechen. Oft kann man solche Probleme durch liebevolle Aufmerksamkeit und richtiges Training beheben.)

○ Ja
○ Nein
Ist der Hund stubenrein?

○ Ja
○ Nein
Scheint der Hund freundlich, umgänglich und an Ihnen interessiert zu sein?

○ Ja
○ Nein
Sollten Kinder im Haushalt sein: Ist der Hund mit Kindern aufgewachsen?

○ Ja
○ Nein
Ist der Hund ausreichend medizinisch betreut worden? Gibt es Unterlagen, die dies belegen?

○ Ja
○ Nein
Ist der Stuhl des Hundes fest?

eines erwachsenen Hundes

**Selbst ein einziges »Nein«
bedarf einer sorgfältigen Prüfung.**

○ Ja
○ Nein **Sind seine Augen klar und frei von etwaigen Absonderungen?**

○ Ja
○ Nein **Sind seine Ohren und seine Nase frei von etwaigen Absonderungen?**

○ Ja
○ Nein **Hat er ein sauberes, glänzendes Fell?**

○ Ja
○ Nein **Ist seine Atmung regelmäßig und hustet und/oder niest er nicht?**

○ Ja
○ Nein **Ist der Hund körperlich gesund? (Er sollte weder lahmen noch irgendwo druckschmerzempfindlich sein.)**

Stellen Sie sich darauf ein, mit einem erwachsenen Hund reichlich Zeit zu verbringen, bevor Sie ihn zu sich nehmen, damit Sie seinen Charakter kennen lernen können. Gehen Sie außerdem vor der endgültigen Übernahme mit dem Hund für einen Gesundheitscheck zum Tierarzt. Denken Sie zudem daran, dass viele Hunde nicht wegen unlösbarer Probleme im Tierheim gelandet sind, sondern weil ihre Besitzer sie nicht vernünftig erziehen konnten und/oder wollten. Durch eine feste, liebevolle Hand kann man ihre Software so weit aktualisieren, dass aus ihnen großartige Haustiere werden.

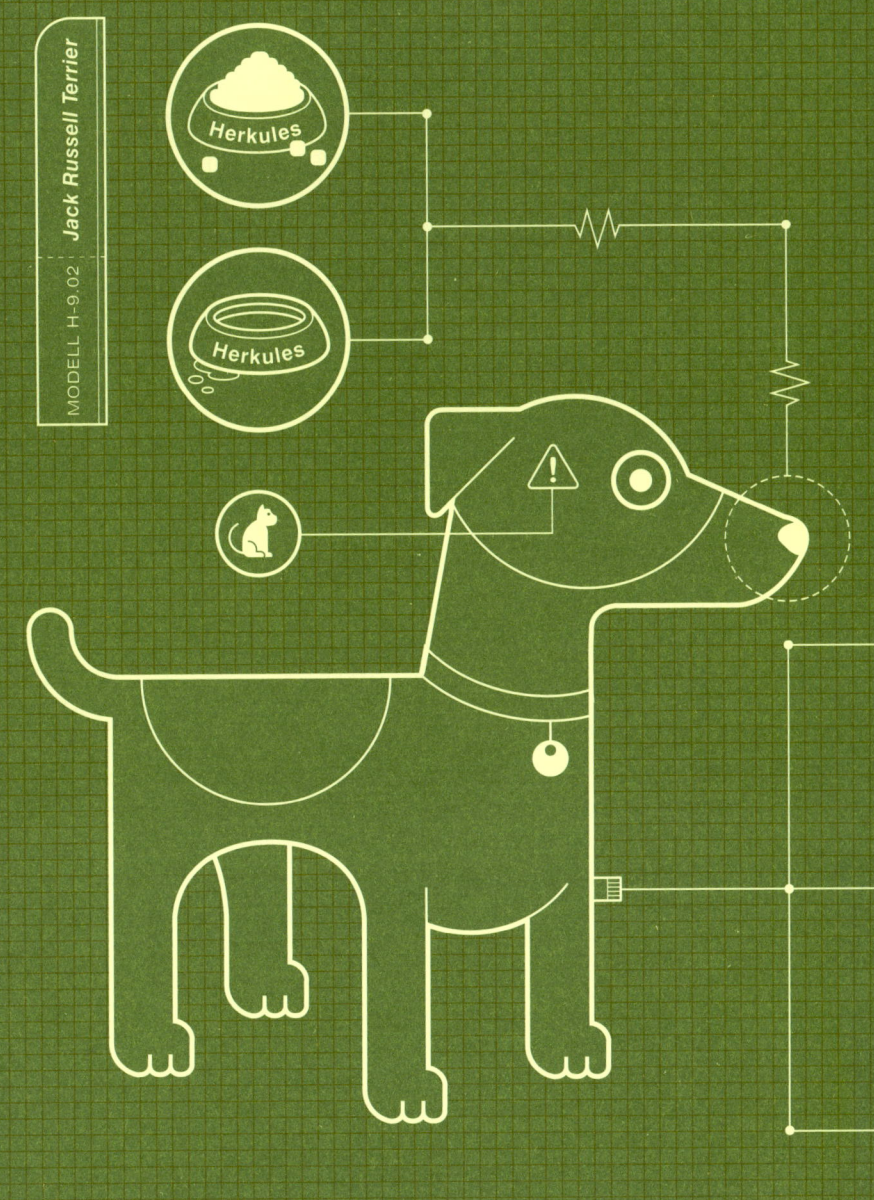

MODELL H-9.02 | *Jack Russell Terrier*

Herkules

Herkules

Installation und Inbetriebnahne

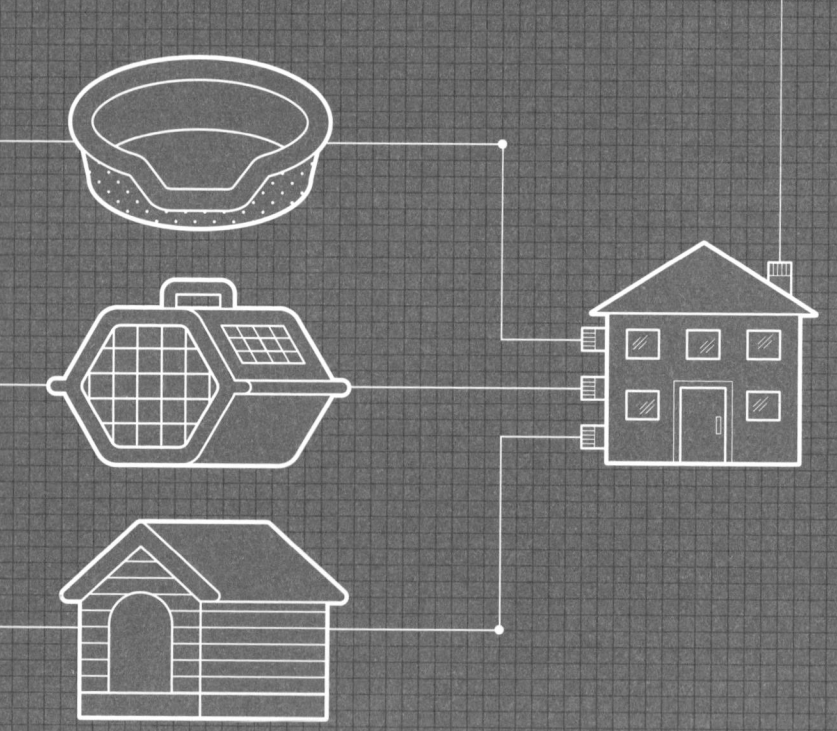

Einen Hund an seine neue Umgebung anzupassen kann viel Spaß machen, aber auch sehr anstrengend sein. Handelt es sich bei Ihrem Modell um einen Welpen, stehen Ihnen möglicherweise Wochen komplizierter Software-Downloads (auch Erziehung genannt) und die Wartung eines komplexen und sich ständig verändernden Betriebssystems bevor. Ein erwachsener Hund macht in den meisten Fällen erheblich weniger Arbeit. Dennoch wird auch er während der Anpassung an sein neues Zuhause eine feste Hand benötigen. Aus diesem Grund sollten Sie wenn möglich am besten die ersten 2–3 Tage bei dem Hund bleiben.

Konfiguration der Wohnung

Es wird empfohlen, einige Vorsichtsmaßnahmen zu treffen, ehe Sie den Hund zu sich holen:

■ Achten Sie darauf, dass sämtliche Reinigungsprodukte fortgeräumt sind.

■ Schließen Sie alle Medikamente weg. (Schmerzmittel wie Ibuprofen oder Paracetamol können bei Hunden tödliche Leberschäden verursachen.)

■ Bewahren Sie für Hunde gefährliche Nahrungsmittel sicher auf (Schokolade zum Beispiel kann für Hunde tödlich sein).

■ Lagern Sie giftige Chemikalien in Waschküche, Keller und Garage an einem sicheren Platz, vor allem Enteiser, der Hunde wegen seiner Süße anlockt. Selbst kleine Mengen davon sind für Hunde oftmals tödlich.

■ Sichern Sie Plätze, wo Welpen oder kleine Hunde stecken bleiben können (etwa den Spalt hinter dem Kühlschrank).

- Bringen Sie alle Elektrokabel außerhalb der Reichweite von Welpen, damit sie nicht auf ihnen herumkauen können.
- Sollten Sie einen Swimmingpool haben, sorgen Sie dafür, dass der Hund nicht hineinfallen kann.
- Bewahren Sie Kleider, antike Möbel und andere Wertsachen (zumindest eine Zeit lang) für den Hund unzugänglich auf, damit er sie nicht zerkauen und/oder auf sie urinieren kann.
- Stellen Sie giftige Zimmerpflanzen (wie Philodendron) an einen sicheren Platz.

Empfehlenswertes Zubehör

Der Handel bietet Tausende von Produkten zur Verbesserung der Lebensqualität von Welpen und erwachsenen Hunden an. Die meisten dieser Zubehörteile sind nicht zwingend erforderlich, die folgenden finden die meisten User jedoch nützlich:

Hundebett: Eine gute Wahl ist ein spezielles Hundekissen. Der Bezug muss abnehmbar und waschbar sein. Auf Flechtkörben kauen Hunde gelegentlich herum. Verzichten Sie zudem auf teure Hundekörbe und -betten, bis Sie sicher sein können, dass Ihr Hund diese nicht demontiert. Alte Decken und/ oder ein Kissen erfüllen zunächst vollkommen ihren Zweck.

Spielzeug: Für Welpen eignen sich Stofftiere als Spielzeug ausgezeichnet. Erwachsene Hunde mögen harte Gummibälle (sie müssen aber so groß sein, dass sie nicht verschluckt werden oder im Maul stecken bleiben können). Verzichten Sie auf Tierknochen (manche splittern) oder Dinge wie alte Schuhe, da sie dem Hund Glauben machen könnten, dass er *alle* Schuhe zerkauen darf.

Kamm und/oder Bürste: Der Handel bietet unterschiedliche Modelle für verschiedene Felltypen an. (Siehe »Instandhaltung des Fells«, Seite 126.)

ZUBEHÖR (einzeln erhältlich) Die gezeigten Produkte sind bei der Installation

| Futternapf | Wassernapf | Hundefutter | Hundekekse | Leckerlis |

| Leine | Halsband | Kotbeutel | Kotzange |

| Schere | Schergerät | Hundeshampoo | Floh- & Zeckenbad | Gummikardätsche |

| Hundekorb | Hundehütte |

Inbetriebnahme und Wartung Ihres Hundes hilfreich.

Knotentau

Trainingsbälle

Quietschspielzeug

Namensanhänger   Schleifen   Halstücher   Regenponcho   Winterpullover

Metallstriegel   Entwirrungskamm   Bürste   Kamm   Fellpflegehandschuh

Absperrgitter

Hundebox

Halsband/Anhänger: Legen Sie dem Hund sofort ein Leder- oder Nylonhalsband an, versehen mit einem Anhänger, auf dem sein Name und (zumindest) Ihre Telefonnummer stehen.

Leine: Dieses wichtige Zubehörteil ist in allen Tierbedarfshandlungen erhältlich. Empfohlen werden Nylonmodelle, die leichter und preiswerter sind als Hundeleinen aus Leder.

Wasser-/Futternäpfe: Am besten geeignet sind rutschfeste Edelstahlmodelle mit Gummifuß. Für größere Rassen oder Hunde mit langen Ohren empfehlen sich höhenverstellbare Näpfe. Welpen brauchen vielleicht kleinere Näpfe.

Hundebox: Wählen Sie ein Modell aus schlagfestem Kunststoff mit einer Metallgittertür, in dem sich der Hund auch noch drehen kann, wenn er ausgewachsen ist. (Siehe auch »Boxentraining«, Seite 81–83.)

Eingewöhnung

Bieten Sie dem Hund (der zweifellos nervös sein wird) gleich nach der Ankunft im neuen Zuhause die Gelegenheit, Gassi zu gehen. Zeigen Sie ihm dann den Platz von Wasser- und Futternapf. Geben Sie ihm zunächst Wasser, aber noch kein Futter.

Erlauben Sie dem Hund nun unter Ihrer Aufsicht einige Stunden, Haus oder Wohnung zu erkunden. Begegnungen mit Kindern, anderen Haustieren und Fremden sollten dabei vermieden oder auf ein Minimum beschränkt werden. Bei erwachsenen Hunden ist mit stressbedingten Funktionsstörungen wie unautorisierten Downloads, Fremdeln oder Verstecken zu rechnen. Dafür darf der Hund aber nicht getadelt oder bestraft werden. Etwaige Probleme sollten sich nach einigen Tagen legen, sobald der Hund beginnt, Vertrauen in seine neue Umgebung zu fassen.

⚠ **EXPERTENTIPP:** *Ein erwachsener Hund kann sich in einer neuen Umgebung mehrere Tage oder sogar Wochen lang extrem reserviert verhalten. Sobald er beginnt, sich wohler zu fühlen, wird sich sein natürlicher Charakter wieder zeigen.*

Anpassen an Kinder

Hat der Hund etwas Vertrauen in seine neue Umgebung gefasst, kann man anfangen, ihn mit jüngeren Familienmitgliedern bekannt zu machen. Dabei gelten für erwachsene Tiere und für Welpen unterschiedliche Vorgehensweisen. Zusätzliche Hilfe bieten die Illustrationen auf Seite 58–59.

Welpe

■ Welpen winden sich oftmals und werden dann von Kindern leicht fallen gelassen (Abb. A). Geben Sie dem Kind den Hund nur, wenn es sitzt (Abb. B).

■ Geben Sie dem Kind ein Spielzeug für den Hund, während es ihn hält (Abb. C). Da Welpen grundsätzlich gern auf allen Dingen herumkauen, können Sie mit dem Spielzeug vielleicht verhindern, dass kleine Arme oder Finger angenagt werden.

■ Ermuntern Sie das Kind, dem Hund Futter und Wasser zu geben (Abb. C). Dies hilft beim Aufbau einer Beziehung. Die Verantwortung für Gesundheit und Pflege des Hundes muss aber letztlich bei einem Erwachsenen liegen.

■ Verlassen Sie nicht das Zimmer. Der Kontakt zwischen kleinen Kindern (1–6 Jahre) und dem Hund sollte stets unter Aufsicht von Erwachsenen erfolgen.

■ Ab einem Alter von etwa zehn Jahren sollten Kinder an der Erziehung des Hundes beteiligt werden.

Erwachsener Hund

■ Leinen Sie den Hund bei der ersten Begegnung an. Ein größerer Hund kann ein kleines Kind im ersten Moment für potentielle Beute halten (Abb. D).

ANPASSEN KIND ---> WELPE

(Abb. A)
WELPE KANN SICH LOSWINDEN

(Abb. B)
KIND SETZEN LASSEN,
EHE ES DEN WELPEN BEKOMMT

(Abb. C)
DAS KIND SOLLTE:

1. dem Welpen ein Spielzeug geben
2. ihn füttern
3. ihm Wasser geben
4. stets unter Aufsicht eines Erwachsenen stehen

ANPASSEN KIND ---> ERWACHSENER HUND

(Abb. D)
HUND BEIM BEKANNTMACHEN ANLEINEN

(Abb. E)
KIND UND HUND ZU UNGEFÄHRLICHEN SPIELEN ERMUTIGEN

■ Ermutigen Sie das Kind zu ungefährlichen Spielen mit dem Hund. Hier ist Spielzeug hilfreich (Abb. E).

■ Verbieten Sie den Kindern, den Hund beim Schlafen oder Fressen zu stören.

■ Mit allzu heftigen Liebkosungen sollten die Kinder warten, bis der Hund sie besser kennt, da manche Hunde sich dadurch bedroht fühlen.

■ Die Kinder sollten auf ungestüme Spiele verzichten, bis der Hund an sie gewöhnt ist und Sie seinen Charakter (und eine eventuelle Neigung zu aggressivem Verhalten) besser einschätzen können.

■ Verbieten Sie den Kindern, den Hund an Ohren und/oder Schwanz zu ziehen, da dies sehr empfindliche Bereiche sind (Abb. E).

■ Jeder Hund, der mit Kindern zusammenlebt, sollte sorgfältig erzogen und sozialisiert werden.

⚠ **ACHTUNG:** *Lassen Sie sehr kleine Kinder unter keinen Umständen mit einem Hund allein – auch dann nicht, wenn der Hund die Kinder kennt und noch nie aggressiv war.*

Anpassen an andere Hunde

Die Aufnahme eines neuen Hundes in einen Haushalt, in dem es bereits einen Hund gibt, ist möglicherweise nicht leicht. Hunde müssen untereinander eine Rangordnung festlegen, wobei das dominanteste Tier der Rudelführer wird. Diese Angelegenheit werden Hunde zuallererst regeln, wenn Sie einen zweiten oder dritten Hund zu sich nehmen. Sorgen Sie dafür, dass dies möglichst spielerisch geschieht. Unter Ihrer Aufsicht kann dieser schwierige, aber notwendige Vorgang glimpflich ablaufen.

[1] Wenn Sie einen neuen Hund nach Hause bringen, sorgen Sie dafür, dass sich das bereits vorhandene Tier in einem unzugänglichen Teil von Haus/Wohnung und außerhalb der Sichtweite befindet.

ANPASSEN HUND ---> HUND

BEKANNT MACHEN AUF NEUTRALEM BODEN

KÄMPFE VERHINDERN

1. kleine Hunde mit Wasser bespritzen
2. große Hunde anleinen
3. NICHT mit bloßen Händen trennen

RANGORDNUNG RESPEKTIEREN

[**2**] Erlauben Sie dem neuen Modell, mehrere Stunden lang die neuen Örtlichkeiten zu erkunden. Es wird den anderen Hund riechen und feststellen, dass es nicht allein ist.

[**3**] Machen Sie die beiden Hunde auf neutralem Boden miteinander bekannt, etwa auf dem Gehsteig vor Ihrem Haus. So muss keiner ein Revier verteidigen. Beide Tiere sollten angeleint sein. Ziehen Sie bei großen Hunden einen Helfer hinzu.

[**4**] Scheinen sich die Hunde zu tolerieren, bringen Sie beide wieder ins Haus, lassen Sie sie aber nicht zusammen allein. Es kann Wochen oder sogar Monate dauern, bis die beiden eine gesunde Beziehung aufgebaut haben. Bis dahin sollten sie stets beaufsichtigt werden.

[**5**] Sollten die Hunde sich nicht tolerieren, sperren Sie den neuen Hund vorübergehend in eine Transportbox, während der alte Hund frei herumlaufen darf. Dann sperren Sie den alten ein und lassen den neuen herumlaufen. Sobald die Hunde vertrauter miteinander sind, führen Sie die beiden unter Aufsicht zusammen.

[**6**] Sollten die Hunde miteinander kämpfen, versuchen Sie nicht, sie mit den bloßen Händen zu trennen. Kleinere Hunde lenken Sie mit einer Spritzflasche ab. Größere Hunde sollten Halsband und Leine umgelegt haben, um sie voneinander trennen zu können.

[**7**] Stellen Sie jedem Hund eigene Näpfe, einen eigenen Korb und eine eigene Box zur Verfügung. (Wenn diese Sachen geteilt werden müssen, kann das zu unnötigem Stress führen.)

[**8**] Respektieren Sie die von den Hunden festgelegte Rangordnung. Begrüßen Sie beim Nachhausekommen den Rudelführer zuerst (Sie werden sofort merken, wer es ist). Er sollte auch zuerst gefüttert werden und mehr Leckerbissen und Zuwendung erhalten. Wenn Sie die Rangordnung ignorieren, kann das die Hunde verwirren.

⚠ **EXPERTENTIPP:** *Ein Welpe wird sich einem älteren Hund fast immer unterwerfen, selbst wenn es sich bei dem Welpen um eine Dogge und bei dem älteren Hund um einen Chihuahua handelt. Sollte der ältere Hund aber erheblich größer sein, dürfen Sie nicht zulassen, dass er den Neuzugang angreift oder grob schikaniert.*

Anpassen an Katzen

Es stimmt nicht, dass Hunde per se ein Programm besitzen, das sie zum natürlichen Feind der Katze macht. Aber viele Hunde sind auf die Jagd kleiner Beutetiere programmiert, die sie mit Katzen verwechseln können. Daher müssen Sie wissen, wie stark ausgeprägt der Jagdtrieb des Hundes ist, ehe Sie Hund und Katze zusammenbringen. Bei einem Shih Tzu etwa ist er kaum oder gar nicht vorhanden, während er bei Jägern wie Greyhounds (für die Jagd gezüchtet) oder Terriern (zum Töten kleiner Beutetiere entwickelt) recht stark ausgeprägt sein kann. Zur Einschätzung des Jagdtriebs werfen Sie ein Lieblingsspielzeug des Hundes durch das Zimmer. Der Hund kann es ignorieren (geringer Jagdtrieb), aufnehmen und zurückbringen (mittlerer Jagdtrieb) oder wild verfolgen, schütteln und zerkauen (starker Jagdtrieb). Letzteres bedeutet nicht unbedingt, dass der Hund Ihre Katze töten wird, aber er wird sie vermutlich ständig ärgern. Probleme lassen sich durch folgende Regeln vermeiden:

[1] Sperren Sie die Katze(n) vor Ankunft des neuen Hundes in ein Zimmer, bis der Hund sich orientiert und beruhigt hat.

[2] Dann lenken Sie seine Aufmerksamkeit auf die (geschlossene) Tür, hinter der sich die Katze befindet. Erlauben Sie den Tieren, sich durch die Türritze hindurch zu beschnuppern (Abb. A).

[3] Bringen Sie die beiden unter Aufsicht zusammen. Der Hund sollte angeleint sein oder in einem Transportkorb sitzen.

(Abb. A)
KONTAKTAUFNAHME DURCH DIE TÜRRITZE

(Abb. B)
RÜCKZUGSBEREICH FÜR DIE KATZE MIT:

1. Futter- und Wassernapf
2. Katzentoilette

ANPASSEN HUND ---> KATZE: Einige Hunde sind auf die Jagd kleiner Beute

(Abb. C)
JAGDTRIEB DES MODELLS EINSTUFEN

? NIEDRIG · MITTEL · STARK

(Abb. D)
HUND ZEIGEN, DASS DIE KATZE GELIEBT WIRD

iere programmiert, die sie mit Katzen verwechseln können.
Beim Bekanntmachen behutsam vorgehen.

[4] Geben Sie dem Hund bei den ersten Begegnungen einen Leckerbissen oder besondere Zuwendung, sobald die Katze auftaucht. So lernt er, die Katze mit positiven Dingen in Verbindung zu bringen.

[5] Richten Sie der Katze einen Hochplatz oder ein Zimmer mit Gittertür ein, damit sie sich, wenn sie ungestört sein will, zurückziehen kann (Abb. B).

[6] Streicheln und halten Sie die Katze in Gegenwart des Hundes. Er wird spüren, dass das andere Tier Ihnen wichtig ist (Abb. D).

[7] Stellen Sie die Katzentoilette an einen für den Hund unzugänglichen Platz. Hunde fressen gern Katzenkot, dies kann jedoch zu Funktionsstörungen führen.

[8] Stellen Sie Näpfe und Körbe von Hund und Katze an getrennte Plätze, damit beide ungestört fressen und schlafen können.

⚠ **EXPERTENTIPP:** *Katzen versuchen oftmals Hunde zu schikanieren. In den meisten Fällen kann (und wird) der Hund die Situation jedoch durch kurzes, lautes Bellen regeln.*

Die erste Nacht im neuen Heim

Sorgen Sie dafür, dass der Schlafplatz Ihres neuen Hundes bei seiner Ankunft bereits hergerichtet ist. Ein Welpe sollte in den meisten Fällen (wenigstens in den ersten Nächten) neben Ihrem Bett schlafen dürfen. Dies ist auch für Sie angenehmer. Vermutlich wird der Welpe während der Nacht wimmern, und dann brauchen Sie zum Trösten nur die Hand auszustrecken. Lassen Sie den Hund jedoch nicht im Bett schlafen, denn das können Sie ihm später wahrscheinlich nur schwer wieder abgewöhnen.

Möglicherweise lässt sich der Welpe mit einer Wärmflasche, einem tickenden Wecker oder einem leise spielenden Radio beruhigen. Zudem sollte er bei Nacht nicht frei im Haus umherlaufen können. Stellen Sie seinen Korb oder seine Box ins Schlafzimmer, und schließen Sie die Schlafzimmertür, oder bringen Sie ein Absperrgitter an, um unautorisierte Downloads oder die Zerstörung von Wohnungsinventar zu verhindern. Sorgen Sie dafür, dass für den Welpen eine Toilette, etwa aus ausgebreiteten Zeitungen, erreichbar ist. Stellen Sie sich auf Unfälle ein und darauf, dass Sie in den ersten Nächten von Wimmern geweckt werden.

Auswahl des Namens

Die Namenswahl ist eine sehr persönliche Entscheidung, aber es gibt einige hilfreiche Regeln:

■ Hunde können mehrsilbige Namen leichter erkennen als Namen mit nur einer Silbe. Daher eignet sich der Name »Pluto« besser als »Max«.

■ Wiederholen Sie den Namen immer wieder, während Sie den Hund streicheln, ihn halten oder mit ihm spielen.

■ Sagen Sie den Namen nie in ärgerlichem Ton oder wenn Sie den Hund disziplinieren.

■ Achten Sie darauf, dass der Name nicht ähnlich klingt wie ein häufig gebrauchter Befehl (z. B. »Fritz« und »Sitz!«).

■ Hat ein erwachsener Hund bereits einen Namen, behalten Sie diesen bei. Vielleicht finden Sie »Bon Jovi« nicht optimal, aber ein neuer Name erschwert dem Hund nur die Eingewöhnung.

⚠ *EXPERTENTIPP: User, die ihren Hunden Menschennamen geben, haben meist mehr Achtung vor den Tieren.*

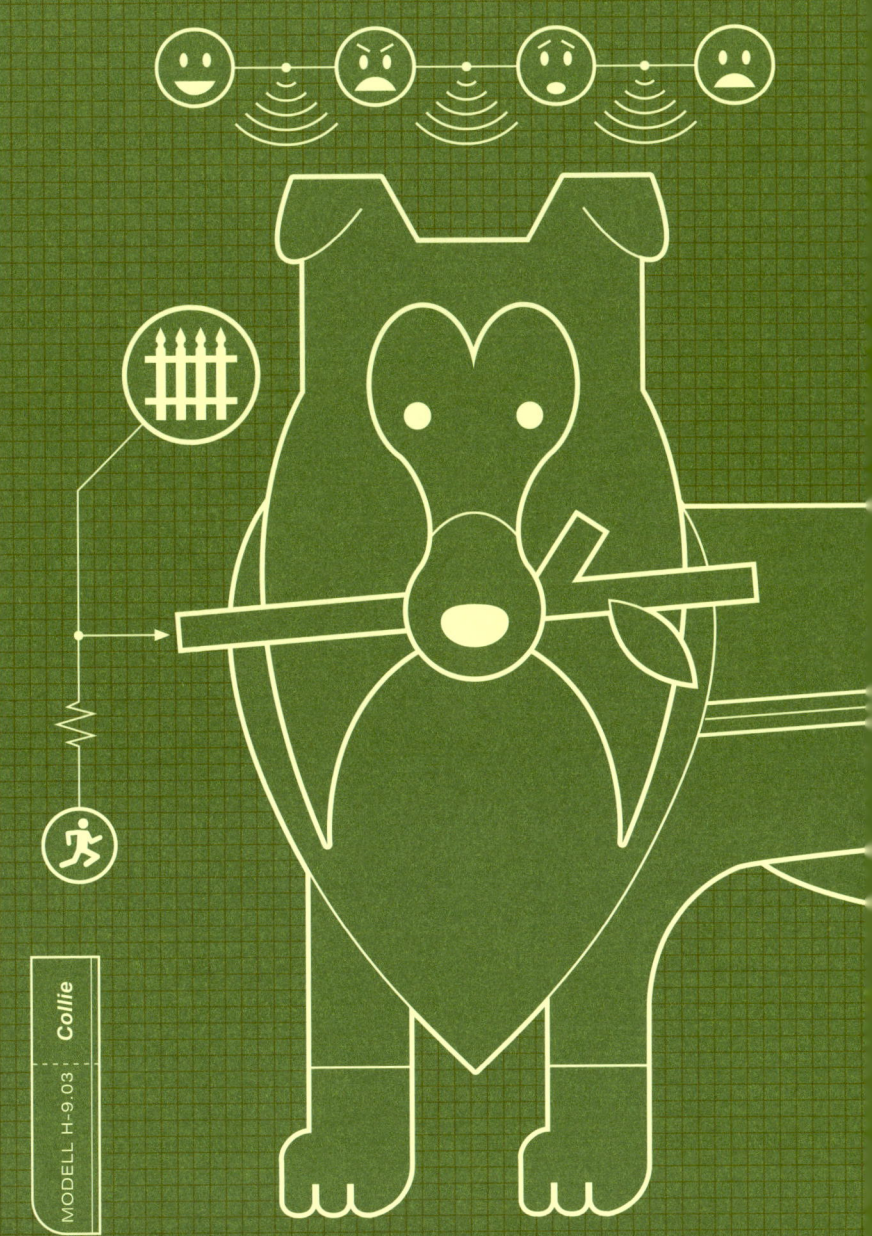

MODELL H-9.03 | *Collie*

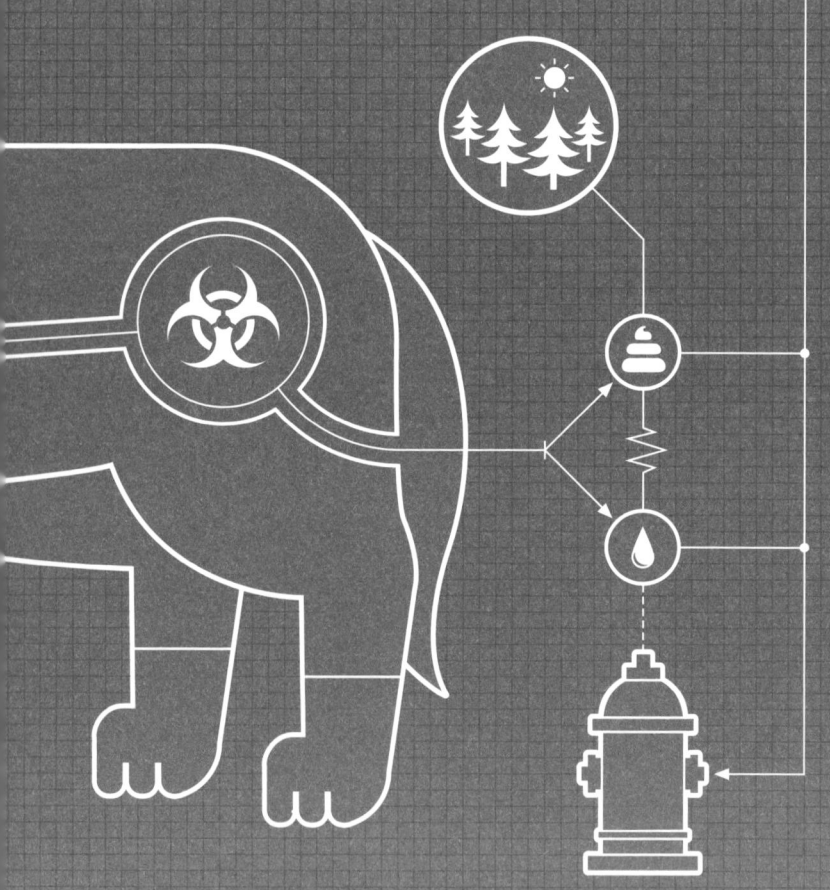

Interaktion im Alltag

Akustische Signale und Körpersprache

Für die akustische Verständigung sind bei Hunden folgende Lautäußerungen typisch:

Heulen: Wölfe heulen, um über größere Entfernungen hinweg Kontakt mit anderen Rudelmitgliedern aufzunehmen. Dieses Verhalten lässt sich auch noch bei vielen Haushunden finden. Mitunter wird es durch Geräusche wie das Heulen einer Polizeisirene ausgelöst.

Knurren: Diese Lautäußerung ist oft mit Aggression, Drohgebärden oder der Demonstration von Dominanz verbunden. Aber auch spielende Hunde können knurren. Was das Knurren im Einzelfall bedeutet, lässt sich an der Körpersprache des Hundes ablesen.

Grunzen: hört man oft, wenn Hunde Menschen oder Artgenossen begrüßen. Entspricht einem Seufzen bei Menschen.

Winseln: Form der Kommunikation über mittlere Distanz hinweg. Kann von Schmerzen über Demutsbekundung bis hin zu Freude über eine Begegnung zahlreiche Ursachen haben.

Bellen: kann ebenso wie Heulen dazu dienen, Aufmerksamkeit zu erregen oder Alarm zu schlagen. Ein ängstlicher Hund bellt meist sehr hoch; ein Hund, der einen Eindringling vertreiben will, bellt tiefer. Wenn sich ein Fremder nähert, kann das Bellen heftiger werden.

KÖRPERSPRACHE

Hunde zeigen ihre Gefühle häufig durch diese Körpersignale.

(Abb. A)
VERSPIELT

(Abb. B)
UNTERWÜRFIG

(Abb. C)
AGGRESSIV

(Abb. D)
ÄNGSTLICH

Hundesprache – Menschensprache

Hunde »verstehen« kein einziges menschliches Wort. Aber sie können lernen, auf akustische Signale (Worte) mit bestimmten Verhaltensweisen zu reagieren. So begreift z. B. ein Collie zwar nicht, was das Wort »Sitz!« bedeutet, aber er weiß, was bei diesem speziellen Laut von ihm erwartet wird. Einige Hunde können Dutzende Wörter und andere akustische Signale auf ihrer Festplatte speichern. Tatsächlich ist das Wort an sich vielleicht nicht so bedeutsam wie die Art und Weise, in der es gesagt wird. Hunde können aufgrund der Tonlage Ihre Stimmung einschätzen, weshalb alles, was Sie in ärgerlichem Ton sagen, meist eine ängstliche oder unterwürfige Reaktion hervorrufen wird. Umgekehrt hat »böser Hund« mit freundlicher Stimme gesprochen kaum die gewünschte Wirkung.

Schlafmodus

Hunde schlafen etwa 14 Stunden am Tag, ältere Modelle oder größere Hunde (wie Bernhardiner oder Neufundländer) sogar noch mehr. Aber statt am Stück zu schlafen, wie die meisten Menschen es tun, machen sie im Lauf des Tages mehrere Nickerchen unterschiedlicher Länge.

Das Schlafmuster von Hunden gleicht dem des Menschen. Zuerst kommen sie in eine »ruhige« Phase, der kurz darauf eine »aktive« Phase, der REM-Schlaf (REM = rapid eye movement), folgt. Dann bewegen sich die Augen des Hundes unter den Augenlidern, seine Beine zucken, und vielleicht winselt oder bellt er leise. Auch wenn sich dies nicht mit Gewissheit sagen lässt (weil Hunde dies ihren Besitzern nicht mitteilen können), scheint es ganz so, als würden sie träumen.

EXPERTENTIPP: *Schläft Ihr Hund nachts nicht durch, sollten Sie ihm tagsüber vielleicht mehr Bewegung verschaffen.*

Identifikationsmethoden

Ihr Hund sollte stets ein Halsband tragen, an dem seine Erkennungs-marken befestigt sind. Auf einem Anhänger sollten sich Name, Adres-se und sowohl private als auch geschäftliche Telefonnummer des Users befinden, auf einem weiteren die Steuernummer, auf einem dritten das Datum der letzten Tollwutimpfung plus Name und Telefonnummer Ihres Service-Providers. Hunde können zudem tätowiert oder mit einem Mikro-chip ausgerüstet werden (letztere Erkennungsmethode wird von Tier-ärzten bevorzugt). Der Mikrochip ist etwa reiskorngroß und wird an der linken Halsseite implantiert. Mit Hilfe eines Scanners liefert er Informa-tionen, die die Ermittlung des Besitzers oder Tierarztes ermöglichen. Für Hunde ist er Vorschrift, sobald sie weite Strecken innerhalb Deutsch-lands oder der EU transportiert werden. Als Ausweispapier erhält der Hund den seit Juli 2004 gültigen EU-Heimtierausweis.

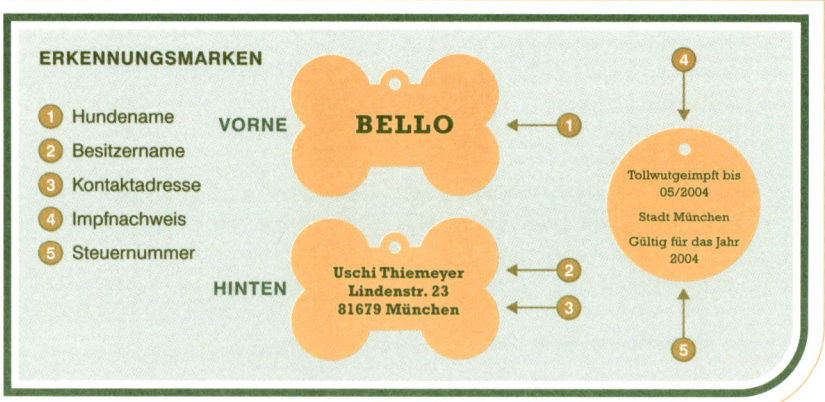

ERKENNUNGSMARKEN

1. Hundename
2. Besitzername
3. Kontaktadresse
4. Impfnachweis
5. Steuernummer

VORNE

BELLO ← 1

HINTEN

**Uschi Thiemeyer
Lindenstr. 23
81679 München** ← 2 ← 3

4 →

Tollwutgeimpft bis
05/2004

Stadt München

Gültig für das Jahr
2004

← 5

Workout und Fitness

Selbst die ruhigsten Modelle brauchen ein gewisses Maß an Bewegung, um gesund zu bleiben. Folgende Dinge sollten Sie berücksichtigen, wenn Sie entscheiden, wie viel Workout für Ihr Tier gut ist:

Größe: Für kleine Rassen wie Mops oder Boston Terrier ist ein Spaziergang um den Häuserblock gleichbedeutend mit einem Marathonlauf. Größere Hunde sind im Allgemeinen für längere Ausflüge und anstrengendere Aktivitäten geeignet.

Ausdauer: Wie lange und wie intensiv ein Hund spielen kann, hängt von seiner Veranlagung ab. Einige Modelle wie Huskys und die meisten Terrier haben aufgrund ihrer Züchtung enorme Ausdauer. Sie können extrem lange laufen und spielen. Andere Modelle wurden für bestimmte Formen der Belastung entwickelt. So kann ein Greyhound zwar sehr schnell laufen, aber nur über kurze Strecken. Deshalb ist er für Jogger ein schlechter Begleiter. Dagegen wurden Modelle wie der Deutsche Kurzhaarige Vorstehhund als Langstreckenläufer konzipiert.

Körperbau: Einige Rassen sind aufgrund ihres Designs körperlich etwas im Nachteil. »Flachgesichtige« Modelle wie Boxer, Mops und Bulldogge haben ein unterdurchschnittliches Atemvolumen und daher weniger Ausdauer. Diese Hunde sollten nur kurze Zeit bewegt werden. Andere Modelle sind anfällig für orthopädische Probleme wie Hüftgelenksdysplasie, die sich bei übermäßigem Workout verschlimmern kann. Ihr Tierarzt kann Sie beim Aufstellen eines Bewegungsplans für Ihren Hund beraten.

Wetter: Auch die Fellbeschaffenheit eines Hundes hat Einfluss darauf, wie viel Bewegung für ein Modell gut ist. Im Winter vertragen Hunde mit dünnem Fell Kälte schlechter als dickfellige Hunde wie Samojede und Pyrenäenberghund. Im Sommer hingegen vertragen Hunde mit dünnem Fell Wärme besser als Hunde mit sehr dickem Fell. Insgesamt ist Hitze für die meisten Hunde das größere Problem.

⚠ **ACHTUNG:** *»Flachgesichtige« Rassen (Bulldogge, Mops) müssen bei Hitze und hoher Luftfeuchtigkeit extrem vorsichtig bedient werden. Sie können selbst bei normaler Belastung Wärme schlecht abgeben, was für sie lebensbedrohlich werden kann.*

Konstitution: Ebenso wie Menschen können auch Hunde nicht in Form sein. So kann ein nur 3 km langer Spaziergang bei einem untrainierten Hund (unter anderem) zu orthopädischen Problemen führen. Verbessern Sie die Konstitution des Hundes langsam über mehrere Wochen hinweg durch tägliche Übung. Ein untrainierter Hund wird wieder fit, wenn man mit ihm an fünf Tagen in der Woche 20–60 Minuten spazieren geht. Auch Schwimmen tut dem Hund gut, weil es die Gelenke entlastet. Doch ehe Sie mit einem übergewichtigen, alten und/oder schwachen Hund ein Fitnessprogramm starten, sprechen Sie zuvor mit Ihrem Tierarzt.

⚠ **ACHTUNG:** *Ein Hund, der es seinem User recht machen will, läuft vielleicht trotz Erschöpfung weiter, wodurch Schäden an der Mechanik auftreten können. Beenden Sie Workouts, sobald der Hund erste Anzeichen ernster Erschöpfung zeigt.*

Trainingsprogramm »Hol's!«

Dies ist eine großartige Allroundübung, allerdings haben nicht alle Hunde die geeignete Software für dieses Spiel. Einigen Rassen fehlt das notwendige Reaktionsvermögen für sich rasch bewegende Bälle, Stöcke oder Wurfscheiben. Dagegen lieben Terrier, Hütehunde und Retriever dieses Spiel für gewöhnlich und können es leicht erlernen. Werfen Sie zunächst den Gegenstand (Abb. A). Wenn Ihr Hund ihm nachläuft und ihn aufhebt, locken Sie ihn mit einer Belohnung wieder zu sich (Abb. B), die er erhält, sobald er Ihnen den Gegenstand gibt (Abb. D). Wiederholen Sie dies, bis der Hund versteht, was Sie von ihm erwarten. Bald werden Sie den Leckerbissen durch ein Lob (und einen zweiten Wurf) ersetzen können.

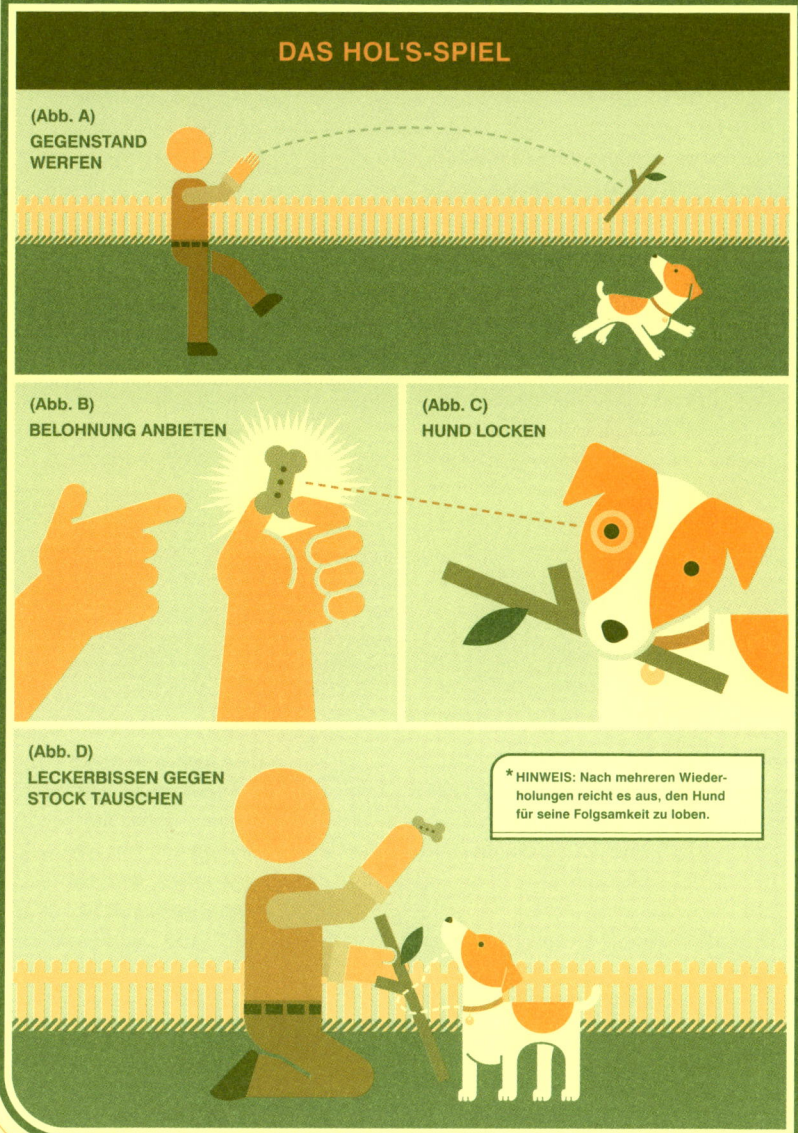

⚠ **ACHTUNG:** *Stöcke können ein gefährliches Spielzeug sein. Nimmt der Hund den Stock zu heftig und ungestüm auf, besteht die Gefahr, dass er sich diesen in den Rachen stößt.*

Hof- und Gartenprotokoll

Nach Möglichkeit sollte der Hund einen abgesicherten Bereich im Freien haben, wo er sich bewegen und Downloads durchführen kann.

Gartenzaun: Stellen Sie sicher, dass der Hund nicht unter dem Zaun hindurchkriechen oder sich unter ihm durchgraben kann, ebenso dass alle Tore abgeschlossen werden können, um Unbefugten den Zutritt zu verwehren.

Kette: sollte nur im Notfall verwendet werden, wenn der Hund zum Downloaden hinausgelassen wird und das Grundstück nicht ausreichend eingezäunt ist. Ein längerer Aufenthalt an der Kette ist Tierquälerei.

⚠ **ACHTUNG:** *Wird ein Hund an die Kette gelegt, müssen z.B. in Deutschland folgende Richtlinien beachtet werden: Die Anbindung muss in einer Laufrichtung von mindestens 6 m frei gleiten können, zudem muss diese dem Hund einen seitlichen Bewegungsspielraum von mindestens 5 m erlauben. Der Hund muss auch mit Anbindung eine Schutzhütte aufsuchen, sich drehen und hinlegen können (s. §7 Tierschutz-Hundeverordnung).*

Auslauf: Trennen Sie einen kleinen Bereich des Gartens ab. Auch hier sollte sich Ihr Modell nicht für längere Zeit aufhalten. Aufgrund seiner geringen Größe muss der Auslauf regelmäßig gesäubert werden. Installieren Sie eine Schutzhütte für den Hund.

⚠ **ACHTUNG:** *Sollte Ihr Hund sich üblicherweise im Haus aufhalten, lassen Sie ihn nicht zu lange unbeaufsichtigt im Freien. Er könnte schwere Verhaltensstörungen entwickeln, sich extrem schmutzig machen und/oder sich selbst verletzen.*

1 ZAUN

2 KETTE (siehe vorne)

PURZEL

HOF- UND GARTENPROTOKOLL: Wie der Aufenthalt des Hundes draußen

③ AUSLAUF

HUGO HEIDI

gesichert wird, hängt von den Rahmenbedingungen und dem Bewegungsdrang
Ihres Modells ab.

Installation im Freien

Viele Hundemodelle können im Freien installiert werden, sofern sie das nötige Zubehör erhalten, d.h. eine Hütte mit einem Sockel, die so groß ist, dass das Tier sich in ihr bequem drehen kann. Die Hütte sollte an einem schattigen Platz innerhalb eines eingefriedeten Bereichs aufgestellt und im Winter mit Heu oder anderem Streu ausgepolstert werden. Zudem sollte der Hund stets frisches Wasser zur Verfügung haben.

Viele Experten sind jedoch der Meinung, dass eine längere Aufbewahrung im Freien zu technischen Störungen beim Hund führen kann. Hunde möchten bei ihrem Rudel sein (in diesem Fall bei Ihnen und Ihrer Familie) und können Zwangsaufenthalte im Freien als Bestrafung betrachten. Zudem sind im Freien lebende Hunde mitunter schlechter sozialisiert.

⚠️ *ACHTUNG: Wenn Sie Ihren Hund dennoch im Freien halten wollen, sind besondere gesetzliche Tierschutzvorschriften zu beachten. So muss der Hund z. B. eine Schutzhütte sowie einen witterungsgeschützten und schattigen Liegeplatz zur Verfügung haben. Auch bei der Haltung im Zwinger sind bestimmte Anforderungen zu berücksichtigen. Erkundigen Sie sich bei Ihrem Service-Provider nach den aktuellen gesetzlichen Bestimmungen.*

INSTALLATIONSVORGABEN FÜR EINE HÜTTE

1. erhöht liegender Eingang
2. Platz für 360°-Drehung
3. schattiger Standort
4. eingezäunter Bereich
5. Einstreu (bei Kälte)
6. Wasser

Abfallbeseitigungsverfahren

Obwohl Hunde allgemein als umweltfreundliche Produkte gelten, sollte der User daran denken, dass sie erhebliche Mengen giftigen Abfalls produzieren. Dieses Problem lässt sich wie folgt handhaben.

Boxentraining

Dies ist eine beliebte Methode, einen Welpen stubenrein zu machen. Zudem gibt sie dem Hund die Möglichkeit, sich an einen sicheren Ort zurückzuziehen, der nach den Bedürfnissen des Users beliebig verlegt werden kann. Die Methode funktioniert, weil die Software des Hundes es ihm verbietet, seinen Schlafplatz zu beschmutzen. Er wird sich sein Geschäft »verkneifen«, bis er nach draußen gehen darf.

⚠ *ACHTUNG: Das Boxentraining ist keinesfalls für eine langfristige Aufbewahrung gedacht. Ein Welpe sollte nie für längere Zeit allein in seiner Box bleiben. Wenn er nämlich die Box doch einmal verschmutzt, kann Sie dies bei der Sauberkeitserziehung des Hundes um Wochen zurückwerfen.*

[1] Kaufen Sie eine Hundebox aus schlagfestem Kunststoff mit einer Metallgittertür. Sie muss so groß sein, dass sich der Hund in ihr problemlos drehen kann, aber nicht zu groß. Sie sollte als Schlafplatz dienen, nicht als Laufstall.

[2] Legen Sie eine Decke oder ein weiches Handtuch sowie einiges Spielzeug in die Box.

[3] Führen Sie den Hund Gassi, ehe er in die Box kommt.

[4] Setzen Sie den Welpen für kurze Zeit in die Box. Geben Sie ihm einen Leckerbissen, damit er die Situation positiv besetzt. Bleiben Sie in der Nähe, bis er sich beruhigt hat. Durch Entfernen des Halsbandes vermeiden Sie, dass er an der Box irgendwo hängen bleibt.

BOXENTRAINING

VORKEHRUNGEN

1. **Box sollte gerade so groß sein, dass sich der Hund in ihr drehen kann**
2. **mit Decke oder weichem Handtuch polstern**
3. **einige Spielsachen hineinlegen**
4. **vorher Gassi gehen**
5. **Halsband abnehmen**
6. **Folgsamkeit belohnen**

VOR DEM EINSPERREN . . .

[5] Lassen Sie den Welpen niemals heraus, wenn er bellt. Warten Sie, bis er aufgehört hat.

[6] Setzen Sie den Welpen zunächst für ein Nickerchen und andere kurze Auszeiten in die Box. Lassen Sie ihn tagsüber nie länger als zwei Stunden am Stück darin.

⚠ **EXPERTENTIPP:** *Ein Welpe sollte nicht mehr Stunden in der Box ver-bringen, als es seinem Alter in Monaten plus eins entspricht, was bedeutet, dass ein zwei Monate alter Welpe nie länger als drei Stunden ohne Toilet-tengang eingesperrt sein darf.*

[7] Bei Nacht sollte der Welpe in der Box schlafen, aber zwischendurch ist vermutlich mindestens ein Toilettengang notwendig.

[8] Nachdem der Welpe aus der Box gelassen wurde, muss er sofort die Gelegenheit bekommen sich zu erleichtern. Tut er dies, loben Sie ihn, und las-sen Sie ihn eine Weile im Haus herumlaufen. Tut er dies nicht, setzen Sie ihn für 10–15 Minuten in die Box zurück und versuchen es dann noch einmal.

⚠ **EXPERTENTIPP:** *Geben Sie dem Welpen häufig Gelegenheit, sein Geschäft zu erledigen. Gehen Sie nach dem Aufstehen, nach jeder Mahlzeit, nach jedem Nickerchen und nach anstrengenden Spielen mit ihm Gassi, ebenso vor dem Zubettgehen und, wenn er unruhig wird, auch in der Nacht. Benutzen Sie stets den gleichen Ausgang, und gehen Sie an den gleichen Platz.*

[9] Mit fünf oder sechs Monaten kann ein Welpe der Box entwöhnt wer-den, sie aber weiterhin als »Hütte« benutzen. Dies erleichtert den Transport des Hundes, weil man ihn in der Box gefahrlos überallhin mitnehmen kann.

Sauberkeitstraining

Selbst ein neu ins Haus genommener erwachsener Hund kann einen Auffrischungskurs in Abfallmanagement benötigen. Wenn Sie glauben, dass der Hund Gassi muss, bringen Sie ihn rasch nach draußen an den Platz, den er in Zukunft dazu benutzen soll (Abb. A). Vielleicht leinen Sie den Hund besser an, damit er nicht weglaufen kann. Benutzt er den Platz, wird er ausgiebig gelobt und vielleicht mit einem Leckerbissen belohnt. Behalten Sie den Hund im Auge, und bringen Sie ihn wieder hinaus, wenn es nötig erscheint. Entfernen Sie regelmäßig den Kot. Meist wird der Hund den Platz sehr bald von selbst aufsuchen und sich melden, wenn er Gassi muss.

Unautorisierte Downloads

Etwaige Pfützen im Haus müssen sorgfältig weggeputzt werden, da Hunde einmal beschmutzte Stellen oftmals wieder benutzen. Der Handel bietet verschiedene Reinigungsprodukte an, mit denen sich Flecken und Gerüche entfernen lassen. Eine Mischung aus gleichen Teilen Branntweinessig und Wasser (Abb. B) hilft gegen den Geruch von Urin, aber nicht gegen den von Kot.

⚠ *EXPERTENTIPP: Bestrafen Sie einen Hund (vor allem einen Welpen) nicht, wenn er im Haus uriniert (Abb. C). Negative Verstärkung wirkt in diesem Fall nicht. Sofern Sie nicht handeln, noch während der Hund auf das Sofa pinkelt (Abb. D), wird er die Bestrafung nicht mit dem unbefugten Download in Verbindung bringen. Zudem sind solche Unfälle oft der Unaufmerksamkeit des Users zuzuschreiben.*

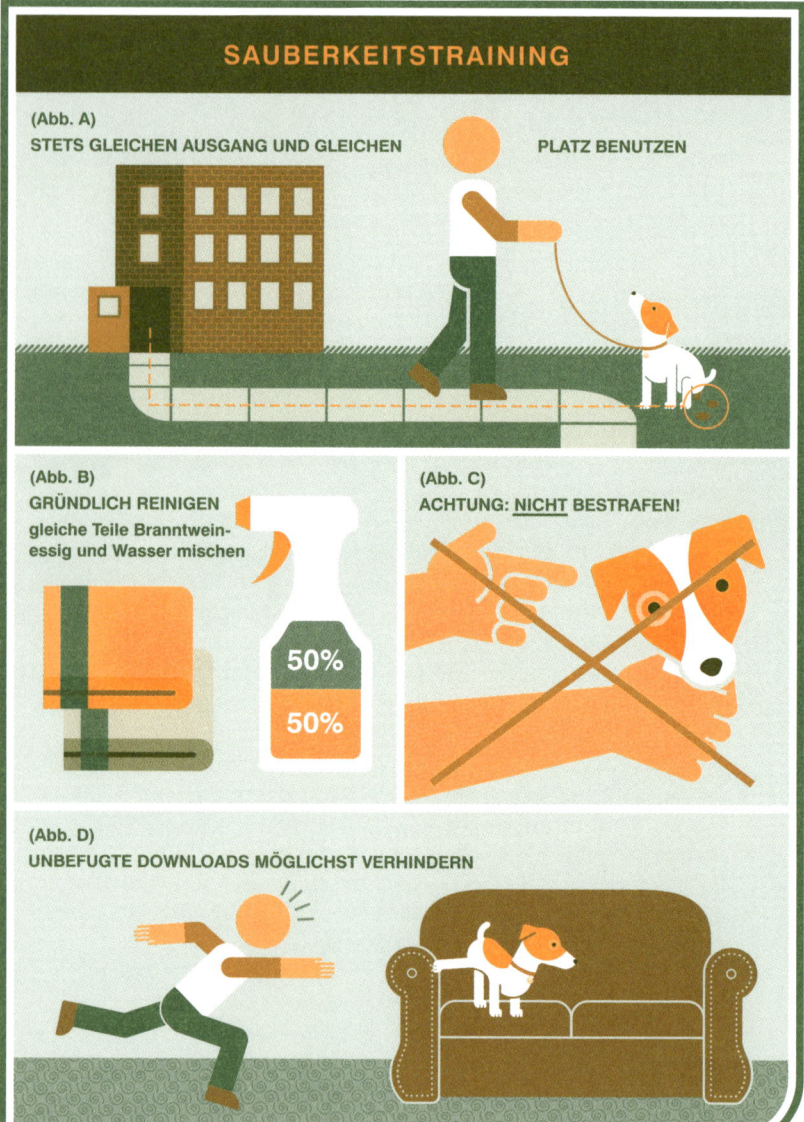

SAUBERKEITSTRAINING

(Abb. A)
STETS GLEICHEN AUSGANG UND GLEICHEN **PLATZ BENUTZEN**

(Abb. B)
GRÜNDLICH REINIGEN
gleiche Teile Branntwein-
essig und Wasser mischen

50%

50%

(Abb. C)
ACHTUNG: <u>NICHT</u> BESTRAFEN!

(Abb. D)
UNBEFUGTE DOWNLOADS MÖGLICHST VERHINDERN

Transport des Hundes

Viele User möchten ihren Hund mitnehmen, wenn sie mit dem Auto oder dem Flugzeug verreisen. Folgende Anwenderempfehlungen verhindern, dass Ihr Modell dabei Schaden nimmt.

Reisen mit dem Auto

In Deutschland besteht zwar keine Gurtpflicht für Hunde, aber sie gelten als Ladung und müssen als solche ausreichend gesichert werden. Geschieht dies nicht, riskiert der User nicht nur den Verlust des Versicherungsschutzes, sondern kann auch mit einem Bußgeld belegt werden. Bei Kombi-Fahrzeugen verhindert eine Absperrung zwischen Laderaum und Rückbank, dass der Hund bei einer starken Bremsung oder einem Unfall nach vorn geschleudert wird. Allerdings ist darauf zu achten, dass die Abtrennung für den Fahrzeugtyp geeignet ist. Im besten Fall ist sie fest mit der Karosserie verschraubt. Diese Vorrichtungen bieten vor allem dem User Schutz. Für das Tier hingegen besteht Verletzungsgefahr. Generell ist ein spezielles Hundegeschirr eine gute Alternative, das an jedem normalen Dreipunkt-Sicherheitsgurt befestigt werden kann. Kleinere Hunde reisen vielleicht lieber in ihrer Schlafbox, in der sie sich sicher fühlen.

Legen Sie während langer Autofahrten regelmäßige Stopps ein, damit Ihr Hund sich bewegen und sein Geschäft erledigen kann. (Leinen Sie den Hund vor Öffnen der Autotür aber stets an.) Nehmen Sie in getrennten Behältern Futter, Wasser und Leckerbissen für ihn mit. Sollte Ihr Hund zu Reisekrankheit neigen, lassen Sie sich von Ihrem Tierarzt ein Mittel dagegen empfehlen. Durch einige »Übungsfahrten« kann das Problem vielleicht vollkommen vermieden werden.

⚠ *ACHTUNG: Lassen Sie den Hund niemals allein im Auto zurück. Veränderungen der Außentemperatur sind nicht vorhersehbar und können bei dem Hund zu Stress, Unterkühlung, Hitzeerschöpfung oder noch schwerwiegenderen Problemen führen.*

Reisen mit dem Flugzeug

Nach Möglichkeit sollten Sie mit Ihrem Hund keine Flugreisen unternehmen, außer er ist so klein, dass er in einer Transportbox, die unter den Sitz geschoben werden kann, in der Kabine mitfliegen darf. Größere Hunde müssen im Frachtraum des Flugzeugs reisen, was für sie häufig traumatisch und auch nicht ungefährlich ist. Die Umgebung ist extrem ungemütlich, und bei großer Verspätung kann der Hund an Überhitzung sterben. Zudem besteht immer die Möglichkeit, dass die Transportbox an einen falschen Zielort geleitet wird.

Haben Sie keine andere Wahl, als mit dem Flugzeug zu reisen, machen Sie sich rechtzeitig mit den Transportbestimmungen der Fluggesellschaft vertraut. Reservieren Sie bei der Gesellschaft eine Transportbox, und sorgen Sie dafür, dass alle notwendigen Dokumente vorhanden sind. Versuchen Sie einen Non-Stop-Flug zu buchen und nicht während der wärmsten oder kältesten Zeit des Tages zu fliegen. Nehmen Sie möglichst den gleichen Flug wie Ihr Hund, und informieren Sie wenigstens einen Flugbegleiter und den Piloten, dass sich Ihr Hund im Frachtraum befindet.

⚠ *ACHTUNG: Tierärzte können Beruhigungsmittel für die Reise verschreiben, aber dann steht der Hund im Frachtraum unter Einfluss einer ungewohnten Arznei und ist, sollten Probleme auftreten, hilflos. Besprechen Sie Risiken und Nutzen deshalb zuerst mit Ihrem Tierarzt.*

Reisen mit Bus oder Bahn

Falls Sie mit Bus oder Bahn reisen, erkundigen Sie sich vor Reiseantritt bei der Bahn oder dem Reiseveranstalter nach den jeweiligen Vorschriften und besonderen Bestimmungen, da diese von Fall zu Fall sehr unterschiedlich sein können und oftmals erheblich voneinander abweichen.

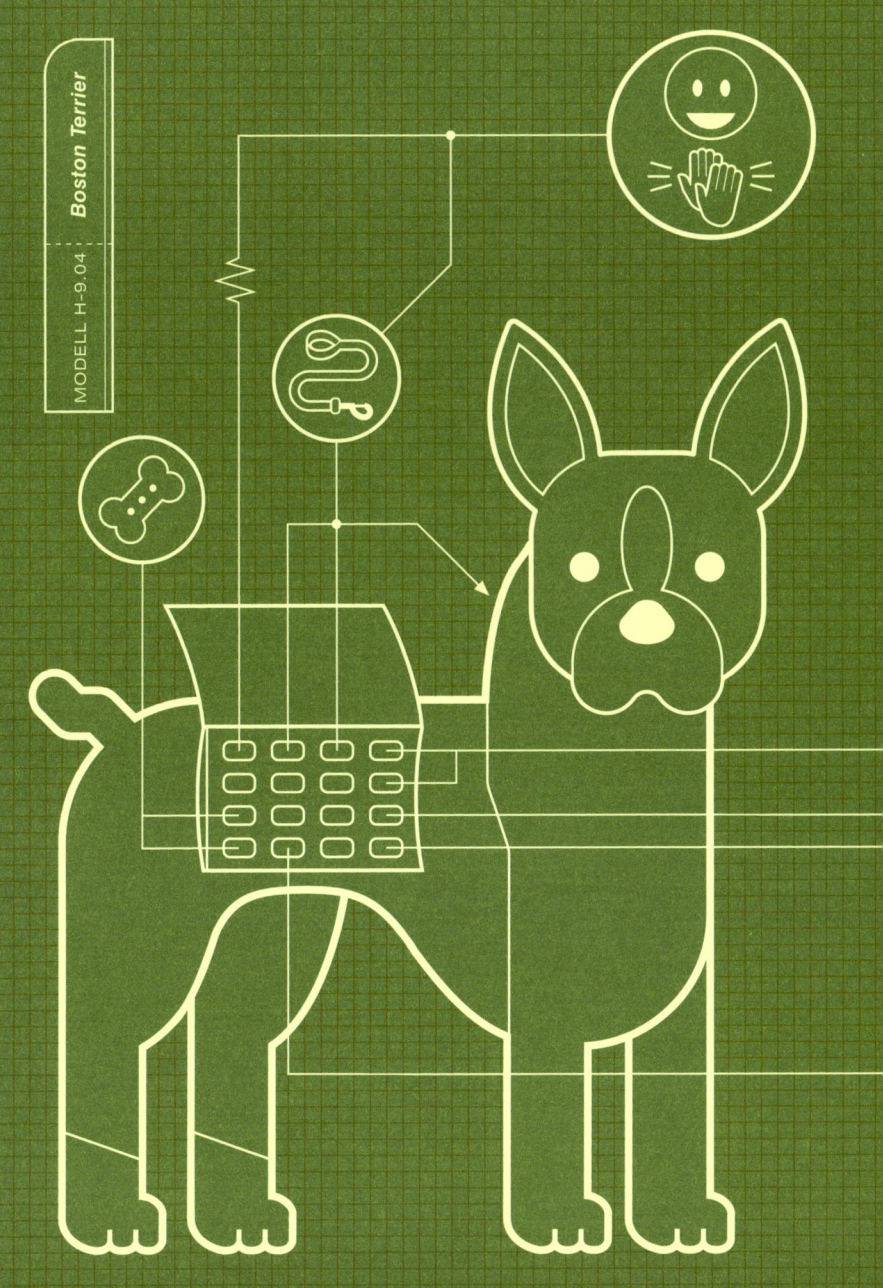

MODELL H-9.04 **Boston Terrier**

Basis-
programme

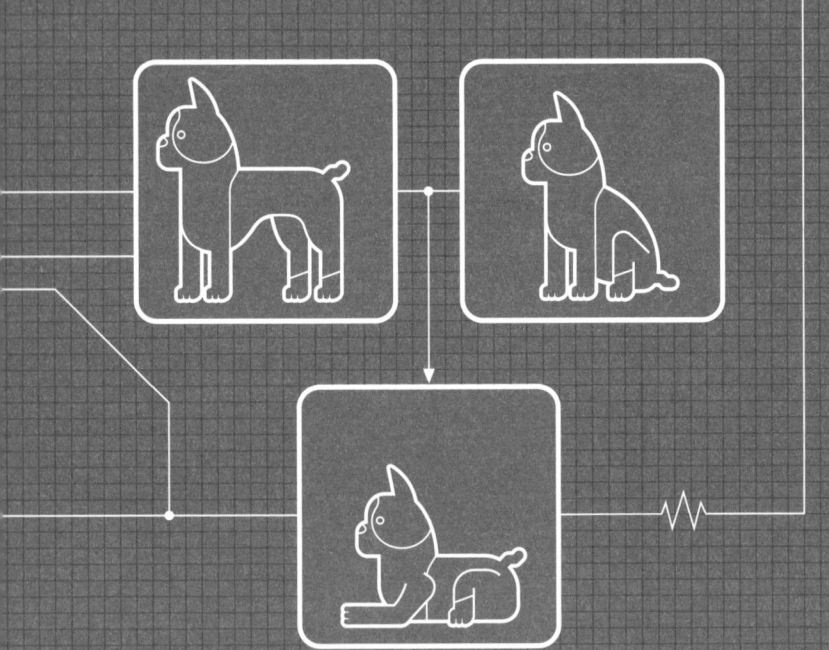

Überblick über vorinstallierte Software

Jeder Hund wird mit einem umfangreichen vorinstallierten Programmpaket geliefert. Während sein Betriebssystem noch weitgehend mit dem seines wilden Vetters, dem Wolf, identisch ist, wurden an der Software entscheidende Veränderungen vorgenommen, um ihn dem Zusammenleben mit Menschen anzupassen. Hier einige der wichtigsten Konfigurationen:

Sozialisation: Da Hunde für ein Leben in der Gruppe programmiert wurden, müssen sie die Stimmungslagen ihrer Rudelgefährten – in diesem Fall Sie und Ihre Familie – einschätzen können. Deshalb sollten Welpen im Idealfall mit acht Wochen in ihre neue Familie kommen. Zu diesem Zeitpunkt sind sie für Prägungen am empfänglichsten.

Dominanz: In Hunderudeln gilt vom Anführer, oder Alphatier, abwärts eine festgelegte Rangordnung. Zur optimalen Nutzung dieser Softwarekomponente müssen Sie für den Hund das Alphatier werden. (Siehe »Festlegen der Rangordnung«, folgende Seite.)

Jagdtrieb: Dieser zentrale Aspekt der Wolfssoftware ist in vielen wichtigen Punkten verändert worden. Bei Hütehunden etwa wurde der Tötungstrieb unterdrückt, aber die Neigung zum Anschleichen verstärkt. Viele Verhaltensweisen von Hunden (in Fersen zwicken, geworfenen Objekten hinterherjagen) stehen in Zusammenhang mit diesem Jagdtrieb.

Revierverhalten: Hunde stecken programmbedingt ein Revier ab, das sie verteidigen. In den meisten Fällen wird dies Ihr Haus und (häufig) Ihr Garten sein. Selbst Hunde, die auf neutralem Boden Fremden gegenüber friedlich sind, können ihr heimisches Terrain wütend gegen sie verteidigen.

Reviermarkierung: Wie Wölfe markieren auch Hunde die Grenzen ihres Reviers mit Urin und Kot. Dieses Verhalten erleichtert es, sie zur Stubenreinheit zu erziehen. Da Hunde immer wieder dieselben Stellen markieren, wählen Sie für die Downloads Ihres Hundes einen bestimmten Bereich im Garten aus. Nachdem der Hund diesen mehrmals benutzt hat, wird er sein Programm entsprechend aktualisieren und die Stelle nie mehr vergessen.

Festlegen der Rangordnung

Wenn Sie sich einen Welpen anschaffen, wird er Sie in den meisten Fällen automatisch – und für immer – als Chef betrachten. Bei erwachsenen Hunden stärkt die schlichte Tatsache, dass Sie der Dosenöffner sind, Ihre Vormachtstellung. Auch kleine Hunde werden gewöhnlich ohne weiteres Ihre Autorität anerkennen. Aber einige besonders temperamentvolle Rassen (Jack Russell Terrier, Dobermann, Akita) beschließen mitunter, ihren User herauszufordern. Möglicherweise manifestiert sich dies darin, dass der Hund knurrt oder schnappt, wenn Sie ihn von Ihrem Bett vertreiben wollen, aggressiv seinen Futternapf verteidigt oder Ihnen sogar das Durchgangsrecht verweigert. Dergleichen Probleme müssen sofort angegangen werden, ehe sie eskalieren können.

Lösungen bei Dominanzproblemen

■ Versucht der Hund einer bestimmten Person seiner Menschenfamilie gegenüber dominant zu sein, sollte diese ihn füttern. Oft unterwirft sich der Hund demjenigen, von dem er sein Futter bekommt.

■ Wenn sich der Hund auf die Hinterbeine stellt, Ihnen die Pfoten auf Brust oder Schultern legt und Ihnen in die Augen schaut, will er dominant sein. Tolerieren Sie dieses Verhalten nicht.

■ Möchte der Hund einen Leckerbissen oder ein Spielzeug, lassen Sie ihn zuerst eine Aufgabe erfüllen oder einen Befehl befolgen. Dies verstärkt Ihre Autorität.

A:/SOZIALISATION

B:/DOMINANZ

VORINSTALLIERTE SOFTWARE: Hunde werden bereits mit einem um

C:/JAGDTRIEB

E:/REVIERMARKIERUNG

D:/REVIERVERHALTEN

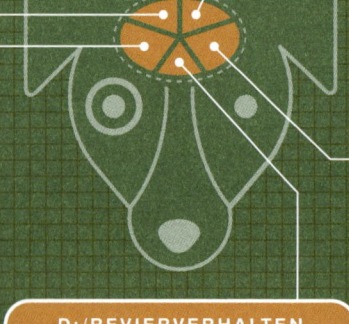

fangreichen Softwarepaket geliefert.

■ Wichtig für das dominante Rudelmitglied ist das »Wegerecht«. Tiere mit geringerem Status müssen ihm Platz machen. Gehen Sie deshalb nicht um Ihren Hund herum. Sorgen Sie dafür, dass er geht.

■ Sollte der Hund gegenüber einem Kind Dominanzverhalten an den Tag legen, ziehen Sie sofort einen Tierarzt und/oder einen Hundetrainer zu Rate.

Trainingsoptionen (Zusatz-Software)

Der erfahrene User kann folgende Softwareoptionen selbst installieren, unerfahrene User sollten die Teilnahme an Hundeschulkursen erwägen.

Sozialisation

Welpen lernen am besten, fremden Menschen und Tieren ohne Furcht oder Aggression zu begegnen, wenn sie bereits frühzeitig an sie gewöhnt werden. Die Begegnungen mit Menschen sollten kurz sein und ruhig verlaufen. Der Welpe wird dabei angefasst und gestreichelt, muss sich aber zurückziehen können. Zudem sind beaufsichtigte Kontakte mit anderen Hunden zu empfehlen, sofern der Welpe bereits alle notwendigen Impfungen hinter sich hat. Eine weitere Option ist die Teilnahme an speziellen Sozialisationskursen, bei denen der Welpe unter kontrollierten Bedingungen auf Menschen und andere Hunde trifft.

Leinentraining

Ein Welpe kann bereits an die Leine gewöhnt werden, noch ehe er alt genug für richtige Spaziergänge ist. Befestigen Sie ein kurzes, leichtes Modell am Halsband des Welpen und lassen Sie ihn (unter Aufsicht) im Garten umherlaufen, während die Leine hinter ihm herschleift. Später

können Sie die Leine aufnehmen und mit dem Hund »spazieren ge-hen«. Es ist nicht notwendig, ihn zu führen. Er soll lediglich mit der Leine vertraut werden.

Sobald der Hund alle Impfungen erhalten hat (siehe Kapitel 8), kann er einen richtigen Spaziergang machen. Bringen Sie den Hund irgend-wo an einen offenen Platz, wo er nicht abgelenkt wird (etwa durch an-dere Hunde, Kinder und/oder Wild). Nehmen Sie den Hund an die Leine, und gehen Sie los. Wenn er zu ziehen beginnt, bleiben Sie ste-hen, bis er aufhört. Dann loben Sie ihn und setzen Ihren Weg fort.

Wiederholen Sie dies so oft und so lange wie nötig. Wenn der Welpe ununterbrochen an der Leine zieht, können Sie auch streng »Nein« sagen. Aber haben Sie Geduld: Beharrliches Training ist der eigent-liche Schlüssel zum Erfolg.

EXPERTENTIPP: *Der Unterricht zum Gehorsam sollte zweimal am Tag stattfinden, aber nicht länger als fünf oder zehn Minuten andauern. Andern-falls beginnt der Hund sich vielleicht zu langweilen.*

ACHTUNG: *Würge- oder Stachelhalsbänder sind beim Leinentraining unnötig und für kleinere Rassen manchmal sogar gefährlich. Sollte Ihr Hund stark ziehen, ist ein Führgeschirr eine mögliche Alternative. Es übt Druck auf die Schultern aus, nicht auf den Hals.*

LEINENTRAINING
Unter Aufsicht im Garten laufen lassen, während die Leine hinterherschleift.

Sitz!

[1] Beginnen Sie das Training im Haus an einem ungestörten Platz.

[2] Rufen Sie den Hund, und zeigen Sie ihm dann einen Leckerbissen. Halten Sie diesen so, dass der Hund seine Nase nach oben richtet (Abb. A). Bewegen Sie den Leckerbissen über seinen Kopf nach hinten, bis er sich von selbst hinsetzt (Abb. B).

[3] Sobald er sitzt, loben Sie ihn, und geben Sie ihm den Leckerbissen.

[4] Wiederholen Sie die Übung, und sagen Sie diesmal »Sitz!«.

[5] Hat der Hund den Befehl gelernt, üben Sie mit ihm in einer unruhigeren Umgebung, etwa im Garten oder auf dem Gehsteig.

Bleib!

[1] Befehlen Sie dem Hund sich zu setzen.

[2] Sobald er sitzt, sagen Sie »Bleib!« (Abb. C). Warten Sie zwei Sekunden, ehe Sie ihn loben und/oder ihm eine Belohnung geben. Achten Sie darauf, dass der Hund in dieser Zeit sitzen bleibt. Wiederholen Sie dies so oft wie nötig.

[3] Sobald er diese Übung beherrscht, sagen Sie »Bleib!« und gehen Sie einige Schritte zurück, während der Hund sitzen bleibt (Abb. D). Nach zwei Sekunden belohnen Sie ihn.

[4] Gehorcht der Hund gut, erschweren Sie die Übung durch Ablenkung, etwa indem Sie einen Kopfstand oder seltsame Geräusche machen (Abb. E). Dehnen Sie den Zeitraum zwischen Befehl und Belohnung aus. Fahren Sie erst fort, wenn der Hund die erhöhten Anforderungen meistert.

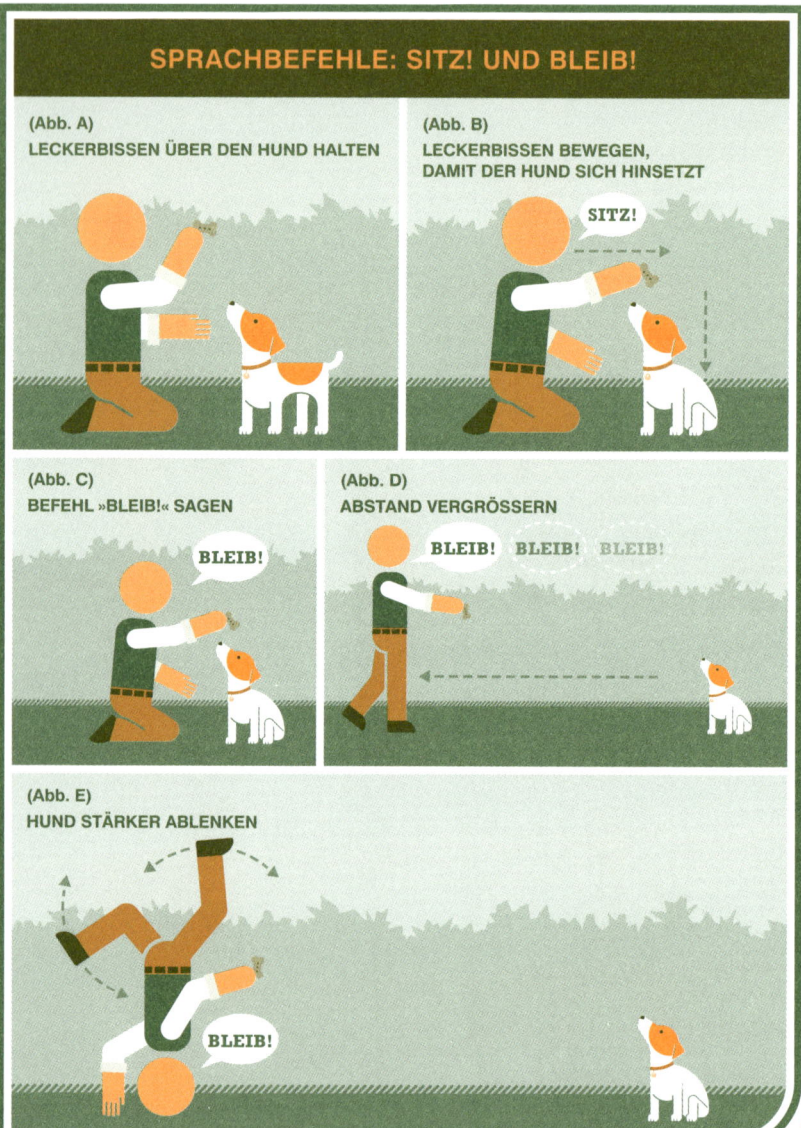

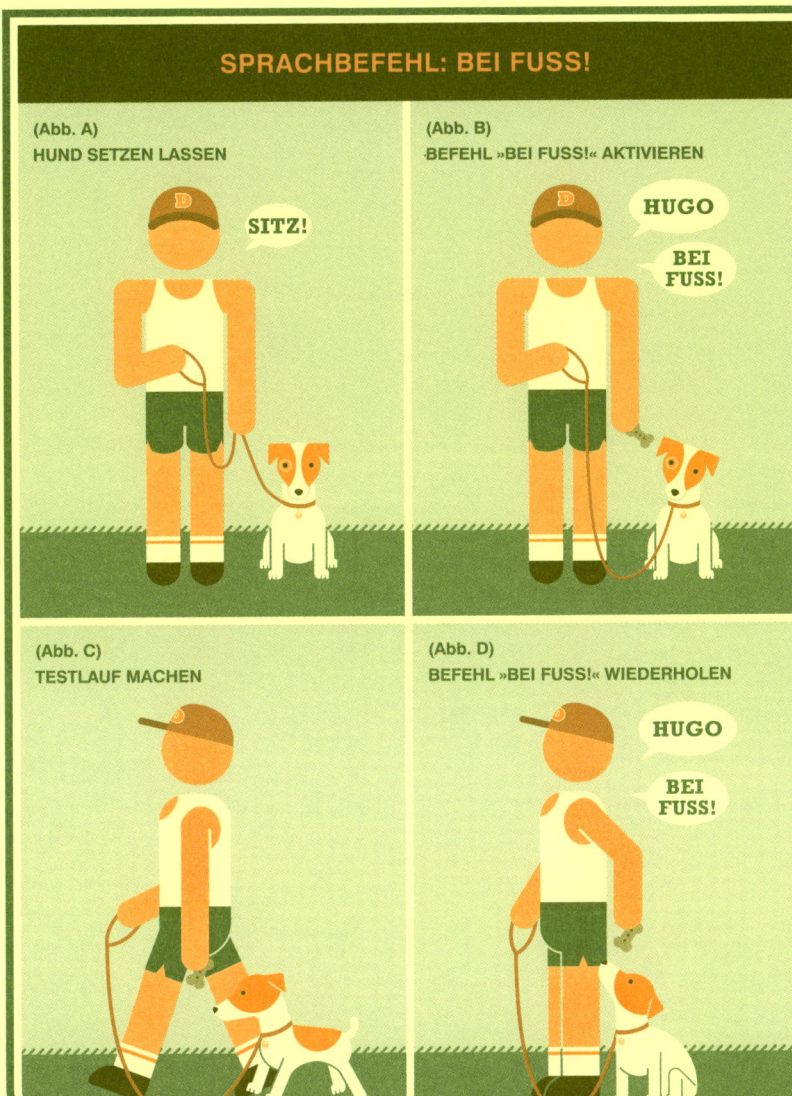

[5] Dehnen Sie langsam den Zeitraum aus, den der Hund sitzen bleibt, und entfernen Sie sich immer weiter von ihm.

[6] Wählen Sie ein Wort wie »Auf!«, um den Hund wissen zu lassen, dass er jetzt aufstehen darf, aber bis dahin sollte er sitzen bleiben.

Bei Fuß!

Diese wichtige Übung bringt dem Hund bei, neben Ihnen zu laufen, sich Ihrem Tempo anzupassen und Ablenkungen zu ignorieren.

[1] Nehmen Sie das Ende der Hundeleine in die rechte Hand, die durchhängende Leine in die linke. Der Hund sollte links von Ihnen stehen.

[2] Geben Sie dem Hund den Befehl sich zu setzen (Abb. A).

[3] Halten Sie mit der linken Hand einen Leckerbissen über seine Nase. Sagen Sie seinen Namen und anschließend »Bei Fuß!« (Abb. B).

[4] Gehen Sie ein kurzes Stück, den Leckerbissen seitlich in der linken Hand (Abb. C).

[5] Bleiben Sie stehen. Sagen Sie den Namen des Hundes, dann »Bei Fuß!«. Heben Sie den Leckerbissen über den Kopf des Hundes, damit der Hund sich setzt (Abb. D).

[6] Geben Sie dem Hund die Belohnung. Wiederholen Sie das Ganze, bis er mit und ohne Leine auf den Befehl »Bei Fuß!« hin tadellos neben Ihnen läuft.

⚠ *ACHTUNG: Dieses Training ersetzt nicht die Leine. Diese sollte in der Öffentlichkeit stets angelegt werden.*

Auf Zuruf kommen

[1] Ziehen Sie einen Helfer hinzu. Er sollte an einem Ende des Raums, Sie am anderen sitzen. Rufen Sie nun abwechselnd mit freundlicher, lockender Stimme den Hund mit »Komm!«.

[2] Motivieren Sie den Hund durch Leckerbissen und/oder Lob. Machen Sie das Kommen für ihn so attraktiv wie möglich.

[3] Rufen Sie den Hund später am Tag immer wieder zu sich, egal, ob er sich in Ihrer unmittelbaren Nähe oder in einem anderen Raum befindet. Wenn er gehorcht, belohnen Sie ihn großzügig.

[4] Sobald der Hund auf den ersten Zuruf stets kommt, üben Sie mit einer langen Leine im Freien weiter (Abb. B). Entfernen Sie sich ein Stück von dem (angeleinten) Hund, und rufen Sie »Komm!«. Gehorcht er, belohnen Sie ihn mit einem Leckerbissen und Lob. Andernfalls ziehen Sie fest an der Leine und rufen ihn weiter mit freundlicher Stimme. Sobald er kommt, belohnen Sie ihn reichlich. Wiederholen Sie dies mehrere Male.

[5] Wenn der Hund Schritt 4 beherrscht, wiederholen Sie diesen mit einer noch längeren Leine.

[6] Als Nächstes üben Sie in einem eingezäunten Bereich ohne Leine (Abb. C). Folgt der Hund nicht, hören Sie auf zu rufen. Setzen Sie sich auf den Boden, oder tun Sie etwas Ungewöhnliches (aber nichts Bedrohliches), damit er neugierig wird. Kommt er zu Ihnen, leinen Sie ihn an, und üben Sie noch einmal einige Tage mit Leine, ehe Sie einen neuen Versuch starten.

[7] Der Befehl »Komm!« sollte für den Hund stets mit Angenehmem verbunden sein. Rufen Sie den Hund nie, um ihn für etwas zu bestrafen, weil er sonst vielleicht nicht mehr reagieren wird.

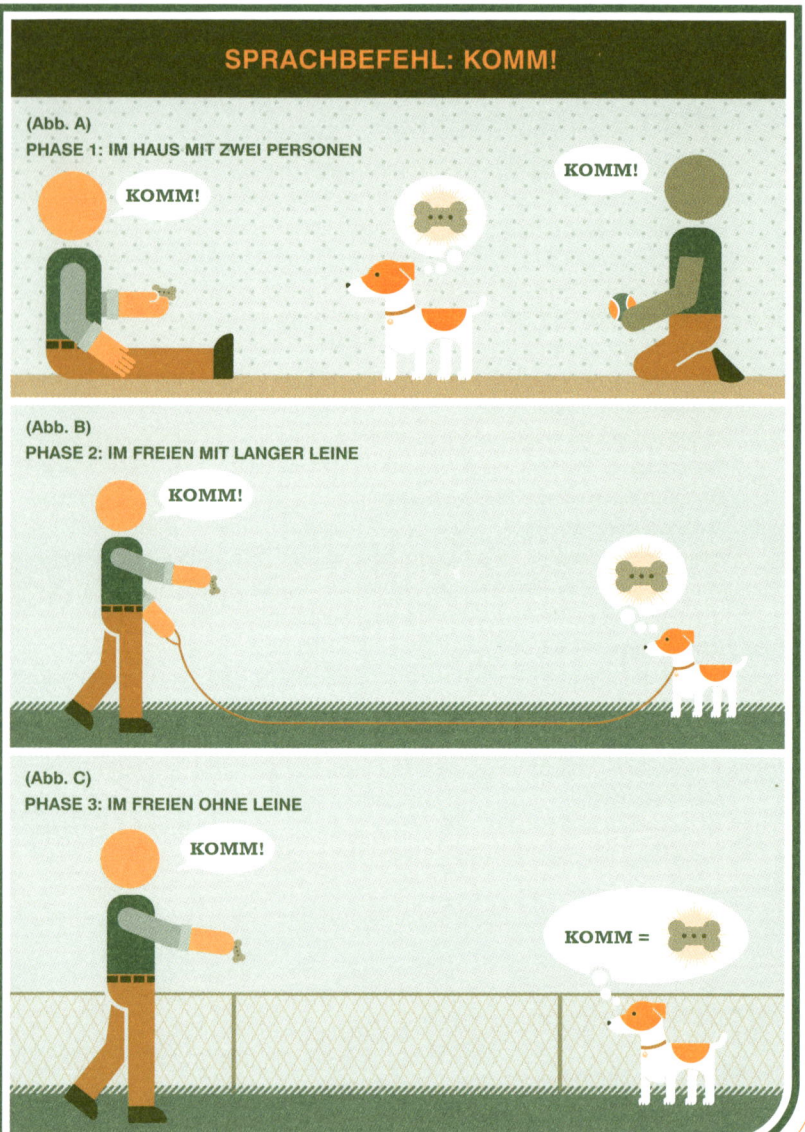

Trainingstipps

■ Verhält sich ein Hund dominant, ignoriert man ihn am besten. Er wird rasch begreifen, dass ihn sein Verhalten dessen beraubt, wonach er sich am meisten sehnt – Aufmerksamkeit. Einzige Ausnahme: wenn der Hund extrem aggressiv wird. Hier muss sofort gehandelt werden. (Siehe »Festlegen der Rangordnung«, Seite 91.)

■ Schreien Sie den Hund bei Fehlverhalten nie an, denn dies kann ungewollte Konsequenzen haben. Ein Hund will nichts mehr als Aufmerksamkeit – im positiven wie im negativen Sinn. Bewirkt sein Verhalten Erregung, wird er es vielleicht wiederholen.

■ Tadeln Sie den Hund nur dann für ein Vergehen, wenn Sie ihn auf frischer Tat ertappen. Ein Hund kann nicht verstehen, dass Sie wegen etwas wütend sind, das er vor einer Stunde angestellt hat. Er versteht nur, dass Sie ärgerlich sind, vielleicht wegen etwas, was er gerade in diesem Moment tut.

■ Ein Hund darf nie geschlagen oder streng getadelt werden. Dies ist immer kontraproduktiv, denn er lernt daraus vor allem, Sie zu fürchten. Bei Wachhunden mit hohem Aggressionspotential kann dies zudem sehr gefährlich sein.

■ Beenden Sie das Erziehungstraining stets positiv. Hat der Hund mit einer neuen Übung Probleme, lassen Sie ihn zum Schluss eine Übung machen, die er bereits beherrscht. Loben Sie ihn anschließend ausgiebig.

■ Führen Sie das Erziehungstraining stets am gleichen Platz und zur gleichen Zeit durch.

■ Versuchen Sie Befehle wie »Sitz!« stets im gleichen Tonfall zu sagen. Hunde reagieren sowohl darauf, *wie* man etwas sagt, als auch darauf, *was* man sagt.

■ Ehe Sie einen Befehl geben, müssen Sie die Aufmerksamkeit des Hundes haben.

Auswahl eines Gehorsamsprogramms

Tierärzte können Ihnen meist eine gute Hundeschule in Ihrer Gegend empfehlen. Gewöhnlich finden die Kurse dort über mehrere Wochen hinweg einmal wöchentlich statt und beinhalten grundlegende Dinge wie Sozialisation, Leinentraining und einfache Befehle. Aber die Teilnahme an einem Kurs entlässt Sie nicht aus der Verantwortung, Ihren Hund zu erziehen. Im Kurs werden lediglich Methoden gezeigt, die Sie mit Ihrem Tier geduldig umsetzen müssen.

Aktivieren des Verteidigungsprogramms

Mitunter ist es problematisch, einen Hund für die Verteidigung des Hauses abzurichten. Es gibt professionelle Programme für Schutzhunde (erkundigen Sie sich bei Ihrem Tierarzt und/oder einem örtlichen Hundesportverein), aber in vielen Fällen ist eine solche Schulung nicht notwendig. Schutzhunde (Rottweiler, Deutscher Schäferhund, Dobermann usw.) sind meist von Natur aus darauf eingerichtet, Fremden gegenüber misstrauisch zu sein, Eindringlinge zu verjagen, ihr heimisches Revier zu bewachen und Aggressoren anzugreifen. Der richtige Reiz aktiviert dieses Unterprogramm automatisch. Für viele Besitzer ist es eine viel größere Herausforderung, ihre Tiere unter Kontrolle zu halten. User von Schutzhundmodellen sind daher besser beraten, in ein umfangreiches Gehorsamstraining zu investieren. Dort werden die wirklich notwendigen Unterprogramme aktiviert, etwa dass der Hund in der Öffentlichkeit kontrollierbar bleibt, auf Zuruf sofort kommt und vor allem gestoppt werden kann, was immer er tut.

⚠️ **EXPERTENTIPP:** *Die wirksamste Abschreckung gegen Fremde ist Bellen. Den besten Schutz für Haus und Garten bieten deshalb oft kleine, nervöse Hunde, die schon beim kleinsten Reiz Alarm schlagen.*

Pflichten als User

Als User eines Hundemodells fallen Ihnen zugleich einige Pflichten zu. Da die entsprechenden Vorschriften in den verschiedenen Ländern und sogar je nach Bundesland und Kommune variieren (wie z. B. Leinenpflicht, Maulkorbzwang oder Rasseliste), erkundigen Sie sich am besten noch vor der Anschaffung eines Hundes bei einem Tierarzt in Ihrer Nähe nach den für Sie gültigen Vorschriften und gesetzlichen Bestimmungen.

Nach dem deutschen Tierschutzgesetz trägt der Hundebesitzer eine Sorgfaltspflicht für sein Modell. Das heißt, der User ist dafür verantwortlich, dass sein Hund artgerecht ernährt, gehalten und gepflegt wird. Auch dürfen dem Hund keine Schmerzen zugefügt werden. Der Hundehalter ist auch dann für das Verhalten seines Modells verantwortlich, wenn er selbst gerade nicht zugegen ist. Aus diesem Grunde kann es sinnvoll sein, eine Hundehaftpflicht-Versicherung abzuschließen (siehe unten).

Neben unterschiedlichen Vorschriften für die Ausstattung mit Erkennungsmarken (siehe »Identifikationsmethoden«, Seite 73), wird in manchen Ländern auch eine gesetzlich vorgeschriebene Steuer für Hunde erhoben. In Deutschland variiert die Hundesteuer von Kommune zu Kommune. Als frischgebackener Hundehalter müssen Sie Ihr Modell umgehend bei der zuständigen Steuerbehörde anmelden. Von dort erhalten Sie dann den so genannten Hundesteuerbescheid, der den Steuerbetrag festlegt. Gleichzeitig bekommen Sie eine Hundemarke zugeschickt, die Ihr Hund immer am Halsband tragen sollte.

Versicherungsfragen

Sollte es doch einmal passieren und Ihr Hund zerfetzt Nachbars Vorhänge oder läuft unvermittelt auf die Straße, so fällt der dadurch entstandene Schaden nicht unter eine normale Privathaftpflicht-Versicherung. Da Sie als User für alle Schäden haften, die Ihr Hund anrichtet, empfiehlt es sich, eine gesonderte Hundehaftpflicht-Versicherung abzuschließen – selbst wenn Ihr Hundemodell besonders brav und gehorsam erscheint. Die Kosten variieren je nach Versicherungsgesellschaft und richten sich nach Alter und Rasse des Hundes. Auch sollten Sie wissen, dass einige Versicherungsgesellschaften keine Haftpflichtversicherung für Hundemodelle abschliessen, die von ihnen als gefährlich eingestuft werden. Die Liste dieser Modelle ist von Versicherung zu Versicherung verschieden, für gewöhnlich enthält sie jedoch Schutzhundrassen wie Pitbull Terrier, Rottweiler, Mastiff oder Dobermann. Auch Mischlingshunde, die solche Vorfahren haben, werden mitunter nicht versichert.

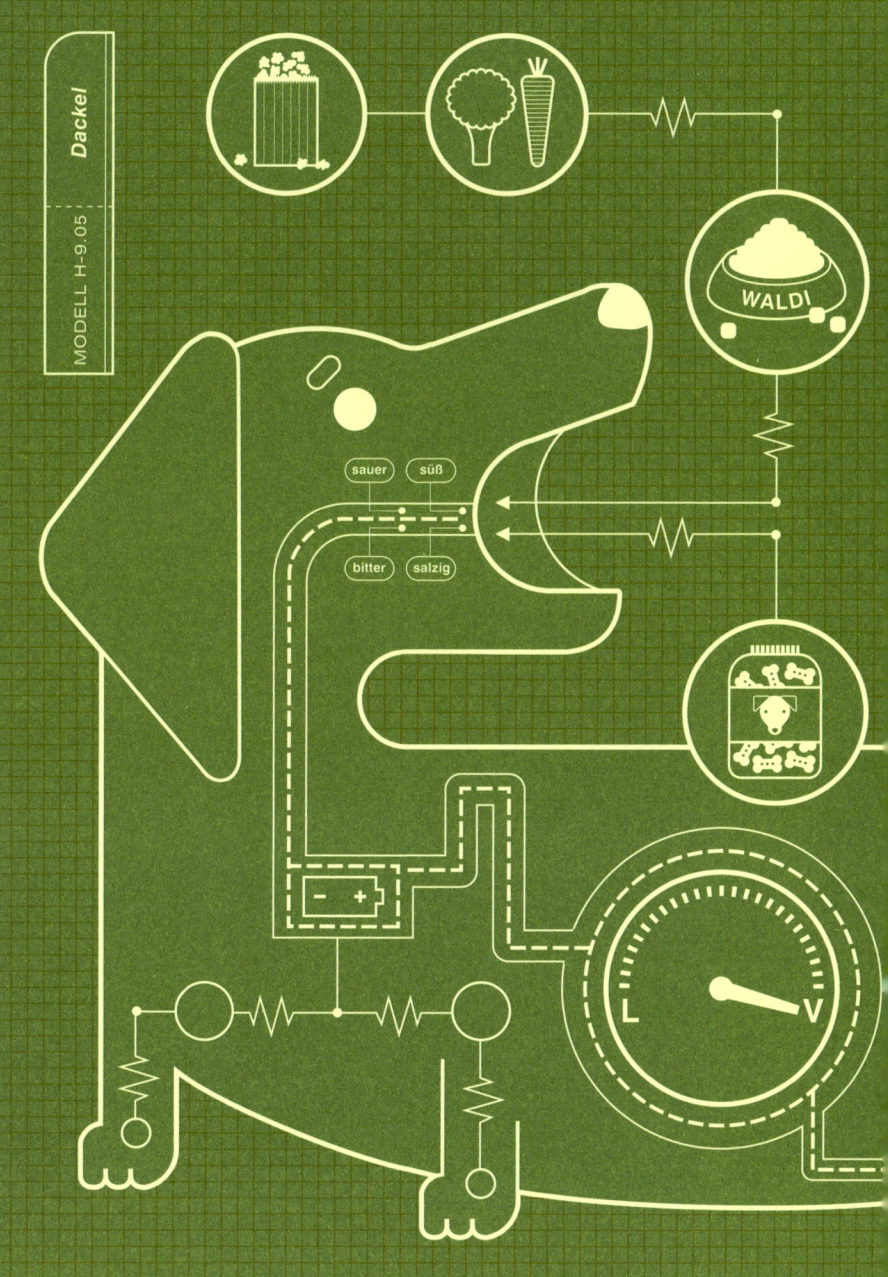

Dackel

MODELL H-9.05

WALDI

sauer süß

bitter salzig

L V

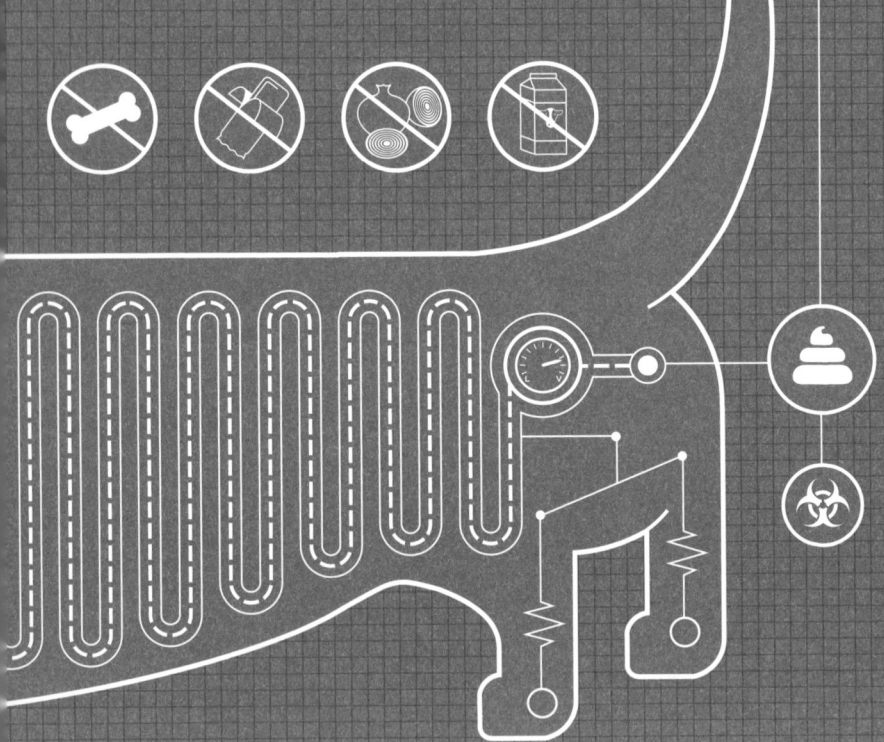

Energieversorgung des Hundes

Unterschiedliche Kraftstoffe

Bei der Energieversorgung des Hundes wird hauptsächlich zwischen Trockenfutter und Dosenfutter unterschieden. Das bei Haltern beliebtere Trockenfutter enthält auf das Gewicht bezogen mehr Kalorien und Nährstoffe, ist preiswerter und hilft, aufgrund seiner Beschaffenheit, der Zahnsteinbildung vorzubeugen. Hunde selbst bevorzugen Dosenfutter, das, wiederum bezogen auf das Gewicht, weniger Kalorien enthält und zu etwa 70 % aus Wasser besteht.

Außerdem ist beim Tierarzt Spezialnahrung erhältlich, z. B. für Hunde mit Diabetes, Übergewicht oder Allergien. Hauptbestandteil dieser speziellen Futtermittel ist oft Lammfleisch oder Geflügelfleisch, auf das nur wenige Hunde allergisch reagieren. Auch alte Hunde brauchen mitunter Spezialnahrung. Ihre Nieren haben Probleme mit Proteinen, was oftmals proteinarmes Futter notwendig macht. Auch Herzerkrankungen, Leberleiden, Magenprobleme und andere gesundheitliche Probleme können eine besondere Ernährung erfordern.

Sollten Sie Fertignahrung füttern, bieten Sie Ihrem Hund zunächst die empfohlene Tagesration an. Möglicherweise müssen Sie jedoch die Menge etwas modifizieren, da die Empfehlungen meist ein wenig über dem liegen, was Hunde tatsächlich brauchen, um ihr Gewicht zu halten. Füttern Sie Ihren Hund bedarfs- und altersgerecht. Fragen Sie dazu am besten Ihren Service-Provider.

EXPERTENTIPP: *Verzichten Sie darauf, Ihrem Hund das Futter selbst zuzubereiten. Es ist sehr schwierig, alle notwendigen Nährstoffe, Mineralstoffe und Vitamine ausgewogen zusammenzustellen.*

Grundsätzliches

- Jeder Hund hat, abhängig von Faktoren wie Größe, Aktivitätsgrad und Alter, andere Bedürfnisse bei der Ernährung.
- Kleine Hunde brauchen auf das Körpergewicht bezogen mehr Kalorien als größere Hunde.

■ Sehr ruhige Hunde benötigen mitunter 30 % weniger Kalorien als ein durchschnittlicher Hund ihrer Größe.

■ Sehr aktive Hunde können 40–50 % mehr Kalorien brauchen als ein durchschnittlicher Hund ihrer Größe.

■ Trächtige oder säugende Hündinnen benötigen manchmal 30–50 % mehr Kalorien als sonst, mitunter sogar die doppelte Menge.

■ Im Winter brauchen Hunde, die sich im Freien aufhalten, vielleicht mehr Futter, weil der Erhalt ihrer Körpertemperatur größere Kalorienmengen erfordert.

Durchschnittlicher Energiebedarf

	TÄGLICHER KALORIENBEDARF	
Gewicht	Welpen	Erwachsene Hunde
■ 2 kg	■ 500	■ 250
■ 4,5 kg	■ 850	■ 450
■ 9 kg	■ 1400	■ 700
■ 13,5 kg	■ 1800	■ 900
■ 18 kg	■ 2300	■ 1200
■ 22,5 kg	■ 2700	■ 1400
■ 27 kg	■ 3200	■ 1500
■ 31,5 kg	■ 3600	■ 1600
■ 36 kg	———	■ 1800
■ 40,5 kg	———	■ 2100
■ 45 kg	———	■ 2300

Auswahl der Energielieferanten

Hersteller von Hundenahrung sind, genau wie die Hersteller von Fertigprodukten für Menschen, zu genauen Angaben auf ihren Produkten verpflichtet. Unter anderem müssen sie Auskunft darüber geben, für welche Hunde die Nahrung vorgesehen ist. Lesen Sie diese Angabe zuerst. Auf einem Produkt für Welpen und trächtige Hündinnen steht möglicherweise, dass es »eine ausgewogene Ernährung für Wachstum und Fortpflanzung« gewährleistet. Auf Packungen oder Dosen für erwachsene Hunde kann es heißen, dass sie »ein ausgewogenes Alleinfuttermittel« enthalten, welches »speziell auf die Bedürfnisse eines erwachsenen Hundes abgestimmt« ist.

Studieren Sie nun die Zusammensetzung. An erster Stelle steht die Zutat, von der dem Gewicht nach am meisten enthalten ist. Bei Dosen- oder Nassfutter handelt es sich fast immer um ein Fleischprodukt. Bei Trockenfutter erscheint Fleisch möglicherweise erst weiter unten auf der Liste. Dies liegt daran, dass bei Nassfutter dem Fleisch Wasser zugesetzt wird, weshalb es schwerer ist. Trockenfutter kann die gleiche Menge Fleisch enthalten, aber da es weniger wiegt, steht es etwas weiter unten auf der Zutatenliste.

Normalerweise sollte recht weit oben auf der Liste irgendein Fleischprodukt erscheinen. So genannte tierische Nebenerzeugnisse (die von Knochenmehl bis zu Geflügelfedern reichen können) haben gewöhnlich mindere Qualität. Wichtige Zutaten sind zudem Getreide oder Reis, die ebenfalls möglichst weit oben auf der Zutatenliste stehen sollten. Getreidespelzen sind minderwertig, werden mitunter jedoch zugefügt, um den Ballaststoffanteil zu erhöhen. Vitamine, Mineralstoffe und Konservierungsstoffe werden nur in winzigen Mengen zugesetzt und finden sich am Ende der Liste.

Studieren Sie zudem die Liste der Inhaltsstoffe auf dem Etikett. Sie gibt unter anderem den prozentualen Anteil von so wichtigen Substanzen wie Rohprotein, Rohfett, Rohfaser und Wasser an. Fragen Sie Ihren Service-Provider nach der richtigen Futterzusammensetzung für Ihren Hund.

Fütterungsmodus

Grundsätzlich ist es nicht empfehlenswert, dem Hund ständig Kraftstoff bereitzustellen, da er sonst zu dick werden kann. Bieten Sie ihm zu einer bestimmten Tageszeit Futter an. Nach etwa einer halben Stunde räumen Sie den Napf bis zur nächsten Fütterung wieder fort. Für die meisten Modelle sind zwei Mahlzeiten am Tag (morgens und abends) ausreichend.

Welpen bis zum Alter von zwölf Wochen sollten drei Mahlzeiten am Tag bekommen, danach nur noch zwei. Welpen kleiner Rassen müssen vielleicht häufiger gefüttert werden, damit ihr Blutzuckerspiegel nicht zu stark absinkt. Mit 9–12 Monaten werden Welpen auf Erwachsenennahrung umgestellt. Nahrungsergänzungen sollten nur gegeben werden, wenn der Tierarzt dies empfiehlt. Bei einem Überschuss an Fetten und/oder Calcium während des Wachstums können bei groß- und schnellwüchsigen Hunderassen Probleme an Gelenken und Skelett auftreten. Weitere Informationen über die Energieversorgung von Welpen siehe Seite 143.

Kraftstoffumstellung

Eine plötzliche Änderung in der Ernährung kann beim Hund zu Magenverstimmungen und Durchfall führen. Dies lässt sich durch eine langsame Umstellung vermeiden. Mischen Sie am ersten Tag drei Teile altes Futter mit einem Teil neuem Futter. Am zweiten Tag geben Sie von beiden Produkten gleiche Mengen, am dritten Tag drei Viertel neues Futter. Dann stellen Sie ganz auf den neuen Kraftstoff um.

UNTERSCHIEDLICHE KRAFTSTOFFE: Es gibt zwei Grundtypen: Trockenfutter und Nassfutter.

TROCKENFUTTER (Vorderansicht)

QUALITÄTS-FUTTER

Für erwachsene Hunde

H-9 KRUNCH

RIND und HUHN

EXTRA LECKER UND GESUND

IHR HUND WIRD ES LIEBEN!

Prüfen Sie vor der Auswahl der Marke sorgfältig Eignung und Zusammensetzung.

OCKENFUTTER (Seitenansicht)

Alleinfuttermittel für eine ausgewogene Ernährung erwachsener Hunde mit allen wichtigen Vitaminen und Nährstoffen.

② Nach den Richtlinien des deutschen Futtermittelgesetzes

Zusammensetzung: Huhn, Reis, Möhren, Kohl, pflanzliche Eiweißextrakte, Zucker ③
Inhaltsstoffe: ④
Rohprotein ca. 26%, Rohfett 16%, Rohfaser 3%, Feuchtigkeit 8%
Zusatzstoffe:
⑤ Vitamin A 12 000 IE/kg, Vitamin D₃ 1200 IE/kg, Vitamin E 400 mg/kg

NASSFUTTER (Vorderansicht)

QUALITÄTS-FUTTER
H-9 LIGHT
Rind mit Lamm
HUNDE-DIÄTNAHRUNG

Alleinfutter für die ausgewogene Ernährung übergewichtiger Hunde

Nach den Richtlinien des deutschen Futtermittelgesetzes

Zusammensetzung: Rindfleisch, tierische Nebenerzeugnisse, Leber, Weizen, Mineralstoffe, Zucker ③
Inhaltsstoffe: Rohprotein 8%, Rohfett 3%, Rohfaser 2,3% ④
Zusatzstoffe:
Vitamin A 2000 IE/kg, Vitamin D₃ 200 IE/kg, Vitamin E 50 mg/kg ⑤

NASSFUTTER (Rückansicht)

① Angaben zu Verwendungszweck und Eignung

② Hinweis auf ein hochwertiges Produkt, das nicht nur im Labor, sondern auch in Studien getestet wurde

Zutaten u. Inhaltsstoffe sind in der Reihenfolge ihres prozentualen Gewichtsanteils aufgeführt.

③ Fleisch sollte ganz oben auf der Liste stehen

④ Inhaltsstoffe geben wichtige Nährwerte an

⑤ Vitamine werden unter Zusatzstoffen aufgeführt

KRAFTSTOFFERGÄNZUNG

KLEINE SNACKS

1. kalorienarme Hundesnacks
2. Popcorn
   (ohne Salz und Fett)
3. Brokkoli
4. gegarte grüne Bohnen
5. rohe Möhren

SCHÄDLICHE NAHRUNG

1. Speisereste
2. Knochen
3. Katzenfutter
4. Schokolade
5. Zwiebeln
6. Milch

Kraftstoffergänzung (Snacks)

Ein Hund sollte nicht mehr als 10 % seines täglichen Kalorienbedarfs mit Snacks decken. Als Zwischenmahlzeiten geeignet sind:

- handelsübliche kalorienarme Hundesnacks
- Popcorn ohne Butter und Salz
- Brokkoli
- gegarte grüne Bohnen
- rohe Möhren

Folgende Dinge sind für Hunde schädlich und möglicherweise sogar tödlich:

- Speisereste (meist zu fetthaltig und enthalten nicht die Nährstoffe, die Hunde brauchen; bestenfalls in geringen Mengen füttern)
- Knochen (kleine Knochen können in der Luftröhre stecken bleiben, größere können splittern und zu einer Vielzahl von Problemen führen, von Erstickungsanfällen über Darmverschluss bis hin zu inneren Verletzungen)
- Katzenfutter (Hunde lieben es, aber es ist nicht auf ihre Nährstoffbedürfnisse abgestimmt)
- Schokolade (für Hunde giftig; schon kleine Mengen der darin enthaltenen Substanz Theobromin können krank machen, große sogar tödlich sein)
- Zwiebeln (zu viele Zwiebeln lassen die roten Blutkörperchen des Hundes platzen und verursachen so Anämie)
- Milch (Hunde leiden, wie die meisten erwachsenen Säugetiere, oft unter Laktoseintoleranz; große Mengen Milch können Darmprobleme und Durchfall hervorrufen)

Gasemissionen

Bei den meisten Hunden kommt es von Zeit zu Zeit zu starkem Methanausstoß. Etwaige Abgasprobleme können auf verschiedene Weise behoben werden:

- dem Hund Aktivkohletabletten geben
- mehrmals am Tag kleine Portionen füttern, da zu große Futtermengen Blähungen verursachen können

■ Hunde, die schlingen, können zu viel Luft schlucken. Futter besser portionsweise geben. Wo mehrere Hunde vorhanden sind, diese getrennt voneinander füttern. Wenn Hunde gemeinsam fressen, schlingen sie oft aus Futterneid

■ keine sehr fetthaltigen, schwer verdaulichen Speisereste und Snacks geben

Gewichtskontrolle

Vergleichen Sie das Gewicht Ihres Hundes mit dem anderer Hunde derselben Rasse (siehe Seite 26–37). Bei einem Mischling (in dem Kapitel nicht zu finden) sollten Sie prüfen, ob Ihr Modell eine »Taille« hat – eine sichtbare Einbuchtung hinter den Rippen. Bei übergewichtigen Hunden fehlt diese. Dann tasten Sie nach den Rippen. Sind sie nicht mehr zu fühlen, hat der Hund Übergewicht. (Stehen die Rippen stark heraus, hat er vielleicht Untergewicht und braucht mehr Kalorien.)

Wiegen des Hundes

[1] Wiegen Sie sich auf der Badezimmerwaage zunächst selbst (Abb. A).

[2] Nehmen Sie den Hund auf den Arm, und wiegen Sie sich noch einmal (Abb. B). Achten Sie bei einem großen Hund auf Ihren Rücken (Abb. C).

[3] Ziehen Sie das erste Ergebnis vom zweiten ab (Abb. D).

Wenn Sie einen sehr großen Hund haben, fragen Sie Ihren Service-Provider, ob Sie ab und zu die Waage in seiner Praxis benutzen dürfen.

GEWICHT DES HUNDES BERECHNEN
(Abb. A)
WIEGEN SIE SICH
80
X
(Abb. B)
WIEGEN SIE SICH
MIT HUND
110
Y
(Abb. C)
ACHTUNG:
BEIM HOCHHEBEN AUF DEN RÜCKEN
AUFPASSEN
(Abb. D)
ZIEHEN SIE DIE ERSTE ZAHL (X)
VON DER ZWEITEN ZAHL (Y) AB
X = mein Gewicht
Y = Hund & ich
X = 80
Y = 110
110
– 80
30

Gewichtsreduktion

Ehe Sie etwas an der Energieversorgung Ihres Hundes ändern, stellen Sie zunächst mit Ihrem Tierarzt einen Aktionsplan auf. Gewichtsreduktion bei Hunden erfordert Geduld und birgt gesundheitliche Risiken. In manchen Fällen ist eine spezielle Diät erforderlich oder es müssen erschwerende Faktoren wie etwa Diabetes berücksichtigt werden. Zum Abnehmen erhält der Hund entweder weniger Futter oder ein kalorienärmeres Produkt.

Berücksichtigen Sie bei der Umsetzung Ihres Plans folgende Tipps:

■ Der wöchentliche Gewichtsverlust sollte für gewöhnlich 225 – 450 g nicht übersteigen.

■ Während des Abnehmens sollte der Hund (in Absprache mit dem Tierarzt) zusätzliche Bewegung erhalten.

■ Verzichten Sie auf fettreiche Leckerbissen. Belohnen Sie den Hund mit Lob oder kalorienarmen Knabbereien wie Brokkoli, gegarten grünen Bohnen oder Möhren.

■ Falls der Hund mit seiner Futterportion unzufrieden scheint, geben Sie ihm über den Tag verteilt mehrere kleine Mahlzeiten.

■ Wo mehrere Hunde sind, werden sie getrennt gefüttert, damit der Hund, der auf Diät ist, kein Extrafutter bekommt.

■ Sorgen Sie dafür, dass alle Familienmitglieder den Diätplan kennen. Eine einzige Person kann durch unerlaubte Leckerbissen das gesamte Programm torpedieren.

■ Wiegen Sie den Hund wöchentlich, um seine Fortschritte zu überwachen.

■ Als Faustregel gilt: Damit ein Hund 0,5 kg Gewicht verliert, muss er 3500 Kalorien verbrauchen.

Durchschnittliche Wasserzufuhr pro Tag*

KÖRPERGEWICHT	WASSER
■ 2 kg	■ 200 ml
■ 4,5 kg	■ 400 ml
■ 9 kg	■ 700 ml
■ 13,5 kg	■ 1 l
■ 18 kg	■ 1,2 l
■ 22,5 kg	■ 1,4 l
■ 27 kg	■ 1,6 l
■ 31,5 kg	■ 1,8 l
■ 36 kg	■ 2 l
■ 41 kg	■ 2,2 l
■ 45,5 kg	■ 2,4 l

* Durch Nahrung und Snacks aufgenommenes Wasser einge-
rechnet.

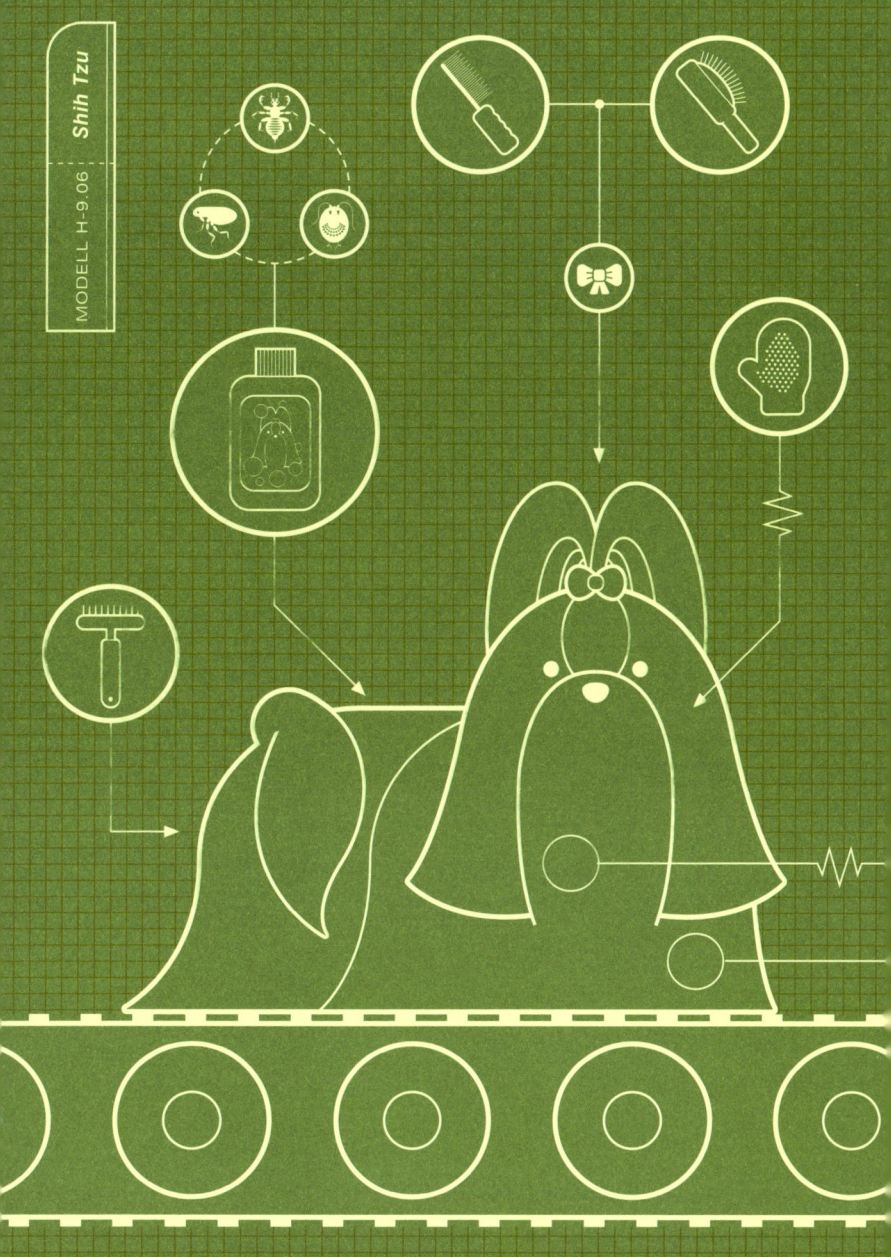

Wartung der Oberfläche

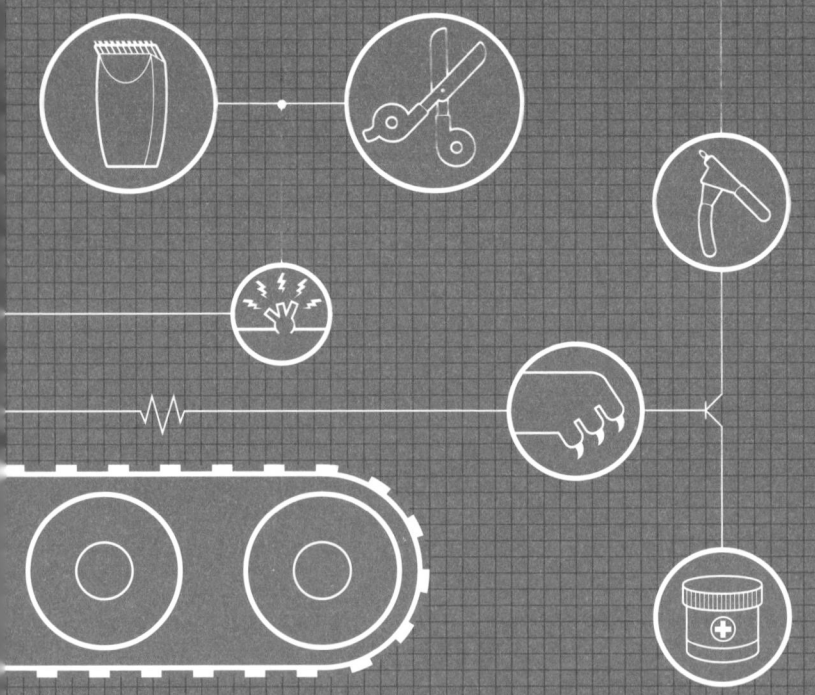

Der Arbeitsaufwand für die Wartung der Oberfläche eines Hundes ist von Modell zu Modell extrem unterschiedlich. Kurzhaarige Varianten sind relativ pflegeleicht, bei Versionen mit längerem Fell (Collies, Bobtails) ist fast immer der regelmäßige Service eines professionellen Anbieters erforderlich. Viele andere Pflegemaßnahmen, wie etwa Baden, werden bei allen Rassen auf die gleiche Art und Weise durchgeführt. Eine sorgfältige Wartung gewährleistet, dass Ihr Modell in Topform bleibt.

Das Fell

Bei den meisten Hunden besteht die Oberfläche aus drei verschiedenen Haartypen – den Tasthaaren, dem Deckhaar und der Unterwolle. Die Unterwolle setzt sich aus dichten, weichen Haaren zusammen. Sie dient der Wärmedämmung und stützt gleichzeitig das Deckhaar. Das Deckhaar wird von langen, steifen Grannenhaaren gebildet, die die Unterwolle schützen. Zu den Tasthaaren oder auch Sinneshaaren zählen Schnurrbarthaare und andere steife Haare im Gesicht, die dem Hund Informationen über seine Umwelt liefern.

Am stärksten haaren Hunde mit gut entwickeltem Doppelfell, das aus einer Schicht langer, grober Haare besteht, die kurze dichte Haare bedecken. Diese Hunde (wie z. B. Akita, Pomeraner, Neufundländer und Sibirischer Husky) verlieren gewöhnlich zweimal im Jahr die Unterwolle und einmal im Jahr das Deckhaar. Der Haarausfall ist durch hormonelle Veränderungen bedingt, die wiederum durch die Veränderung der Tageslänge ausgelöst werden. Zudem können Hunde nach traumatischen Erlebnissen wie einer Operation oder dem Werfen extrem haaren.

Hunde, die kein Doppelfell besitzen oder ständig im Haus leben, haaren möglicherweise das ganze Jahr hindurch. Andere Modelle wie etwa Pudel und viele Terrier verlieren so gut wie keine Haare.

Haarkleidvarianten

Ihr Modell wird mit einer der folgenden Oberflächen geliefert:

Langhaar: findet sich bei Modellen wie Bobtail, Neufundländer, Collie und Golden Retriever. Langes Fell muss täglich gebürstet werden, damit es nicht verknotet oder zu stark ausgeht.

Kurzhaar: findet sich bei Modellen wie Beagle oder Vorstehhund. Diese Fellvariante braucht erheblich weniger Pflege als andere Varianten, muss aber dennoch regelmäßig gekämmt und/oder gebürstet werden.

Dauer- oder Permanenthaar: Modelle wie Bichon Frisé, Pudel oder Airedale Terrier haben ein Haarkleid, das erst nach einer sehr langen Wachstums- und Reifungsphase ausfällt. Diese Phase ist bei den genannten Modellen um ein Vielfaches länger als bei anderen Hunderassen, weshalb es häufig heißt, diese Modelle haaren nicht. Eine Oberfläche aus Permanenthaar sollte regelmäßig getrimmt werden.

Langes, seidiges Haar: ist charakteristisch für Modelle wie Yorkshire Terrier, Pekinese und Afghane. Ohne regelmäßige Pflege verfilzt es schnell.

Glatthaar: Dieses Fell lässt sich leicht mit einer Bürste pflegen. Glattes Haar haben z. B. Dobermann, Greyhound und Labrador Retriever.

Drahthaar: findet sich bei den meisten Terrierrassen wie auch bei Schnauzern. Dieses Fell muss regelmäßig gekämmt und getrimmt werden, damit es nicht verfilzt. Ausgefallene Haare können auch aus dem Fell herausgezupft werden, aber selbst bei kleinen Hunden kann dies Stunden dauern.

Haarlos: Zu diesen Modellen gehören Kuriositäten wie der Chinesische Nackthund, es gibt aber keine komplett »haarlosen« Rassen. Alle Säugetiere haben zumindest etwas Haar. Bei Nackthunden ist die Hautpflege extrem wichtig (vor allem der Sonnenschutz).

1. Kamm
2. Schere
3. Drahtbürste
4. Entwirrungskamm
5. Metallstriegel
6. Fellpflegehandschuh
7. Gummikardätsche

GLATTHAAR
haart mittelstark

KURZHAAR
haart mittelstark bis stark

DRAHTHAAR
haart leicht
bis mittelstark

OBERFLÄCHEN UND PFLEGEZUBEHÖR: Die meisten Modelle

ALLE MODELLE BRAUCHEN

① ② ③ ④ ⑤

NICHTHAARENDES
MODELL

LANGES, SEIDIGES HAAR
haart stark

LANGHAAR
haart stark

HAARLOS

sollten täglich gepflegt werden.

Instandhaltung des Fells

Regelmäßige Fellpflege kann Haardownloads im Haus auf ein Minimum reduzieren. Nach Möglichkeit sollte man schon Welpen frühzeitig daran gewöhnen. Vielleicht finden sie dann sogar Gefallen daran. Die meisten Hunde sollten täglich gebürstet werden, um Schmutz und ausgefallene Haare zu entfernen, Knoten im Fell und Verfilzungen vorzubeugen und das natürliche Hautfett im Fell zu verteilen.

⚠ *EXPERTENTIPP: Die Fellpflege ist eine ideale Gelegenheit, den Hund auf Hautreizungen, Schwellungen, Zecken, Flöhe und andere Probleme hin zu untersuchen, die vielleicht tierärztliche Behandlung erfordern.*

Zubehör

Folgende Dinge sind hilfreich, um die Oberfläche des Hundes instand zu halten:

Bürste: Es ist wichtig, eine für das Fell Ihres Hundes geeignete Bürste auszuwählen. Ideal ist eine weiche Drahtbürste, die Verknotungen entfernt, ohne die Haut zu reizen.

Entwirrungskamm: beseitigt lose Haare aus der dichten Unterwolle von Rassen mit langen oder festen Haaren wie Husky oder Irish Setter.

Fellpflegehandschuh: ist mit Noppen besetzt, an denen lose Haare hängen bleiben. Besonders geeignet zur Pflege des Gesichtes und für Hunde mit extrem kurzem Haar.

Kamm: besteht meist aus Stahl und ist sowohl mit feinen als auch groben Zinken ausgerüstet. Entfernt Kletten und Verknotungen und hält das Fell langhaariger Modelle in Ordnung.

Kardätsche: häufig aus Gummi. Beseitigt bei kurzhaarigen Modellen lose Haare und massiert gleichzeitig die Haut.

Metallstriegel: Utensil mit gezähnten Rändern, das sich ideal zum Entfernen loser Haare bei Langhaarrassen eignet.

Nagelzange: sollte nur in Notfällen benutzt werden. Nägel schneidet besser der Tierarzt.

Schere: nützlich zum Entfernen besonders hartnäckiger Verknotungen oder Kletten.

Auswahl eines professionellen Anbieters

Mit der in diesem Kapitel beschriebenen täglichen Fellpflege haben User meist keine Probleme, weitergehende Wartungsarbeiten sollten jedoch dem Profi vorbehalten bleiben. Tierärzte halten oft Listen mit empfehlenswerten Adressen bereit oder beschäftigen selber entsprechende Fachkräfte. Informationen können Sie auch bei zuverlässigen Züchtern und in Hundepensionen erhalten.

Weist Ihr Modell Besonderheiten auf (ist es z. B. alt oder benötigt es ein medizinisches Shampoo), müssen Sie dies bei der Auswahl des Anbieters berücksichtigen. Statten Sie dem von Ihnen anvisierten Fachbetrieb während der Öffnungszeiten einen Überraschungsbesuch ab. Ist dort alles sauber? Werden die Hunde gut behandelt? Auf keinen Fall darf der Anbieter Hunde vor der Behandlung betäuben. Wie viel Sie bezahlen müssen, hängt letztlich von der Rasse und vom Umfang der Instandsetzungsarbeiten ab. Wie häufig man die Dienste eines solchen Anbieters in Anspruch nehmen sollte, ist abhängig von dem jeweiligen Modell: etwa zwischen ein- bis zweimal im Jahr und alle sechs Wochen.

⚠ **ACHTUNG:** *Vergewissern Sie sich, ob die Impfungen Ihres Hundes (vor allem gegen Zwingerhusten) noch gültig sind, ehe Sie mit ihm in einen Hundesalon gehen.*

Verfilzungen entfernen

Verfilzungen entstehen, wenn sich Haare dicht an der Hautoberfläche des Hundes stark ineinander verknoten. Werden Verfilzungen nicht beseitigt, können sie dem Hund starkes Unbehagen bereiten und Hautreizungen hervorrufen. Zunächst sollte man versuchen, Verfilzungen mit den Fingern und einem Kamm möglichst weitgehend zu entwirren. Ist dies gar nicht oder nur teilweise möglich, muss man sie vorsichtig herausschneiden, wobei man zunächst einen Kamm zwischen das Fell und die Haut schiebt, um Verletzungen vorzubeugen, und dann den verfilzten Bereich mit der Schere entfernt.

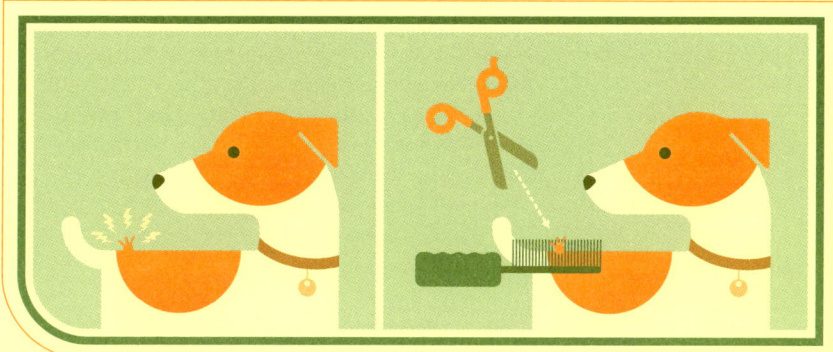

Baden

Damit die Oberfläche des Hundes in gutem Zustand bleibt, sollte er regelmäßig gebadet werden. Wurde er bereits von klein auf daran gewöhnt, empfindet er die Prozedur möglicherweise sogar als angenehm. Die meisten Hunde müssen nur alle paar Monate gebadet werden, wenn sie nicht dazu neigen, sich häufig schmutzig zu machen. Vor dem Baden wird der Hund gebürstet, um Verfilzungen und Verknotungen zu entfernen.

⚠ *ACHTUNG: Zu häufiges Baden kann die Haut austrocknen und/oder zu Hautreizungen führen. Falls Sie Ihren Hund oft baden müssen oder er zu trockener Haut neigt, verwenden Sie ein entsprechendes Spezialshampoo.*

[1] Installieren Sie in der Badewanne eine Gummimatte (Abb. A). So steht der Hund sicher und ist entspannter.

[2] Legen Sie alle notwendigen Utensilien griffbereit (Abb. B).

[3] Stecken Sie in jedes Ohr des Hundes einen Wattebausch, damit dort kein Wasser eindringen kann (Abb. C).

[4] Stellen Sie den Hund in die Wanne. Bei einem großen Modell ziehen Sie am besten einen Helfer hinzu.

[5] Duschen Sie den Hund gründlich mit warmem Wasser ab, wobei Sie den Duschkopf möglichst dicht an seinen Körper halten. Sein Gesicht darf nicht nass werden.

💡 *EXPERTENTIPP: Zwischendurch muss der Hund immer wieder gestreichelt und beruhigt werden (vor allem wenn er das Baden nicht gewöhnt ist).*

(Abb. A)
GUMMIMATTE INSTALLIEREN

(Abb. B)
ZUBEHÖR BEREITLEGEN

1 Shampoo
2 Wattebäusche
3 Duschkopf
4 Paraffinöl/Olivenöl
5 Handtuch oder Föhn

(Abb. C)
VORBEREITEN DES HUNDES

BADEPROZEDUR: Bäder im Abstand von einigen Monaten helfen, die Oberfläche Ihres Modells instand zu halten.

(Abb. D)
SPEZIALSHAMPOO FÜR HUNDE AUFTRAGEN

(Abb. E)
UNBEDINGT WASCHEN

1. Output-Port
2. Pfoten
3. hinter den Ohren
4. unter dem Kinn

(Abb. F)
TROCKENMETHODE AUSWÄHLEN

ODER

NIEDRIG

Zu häufiges Baden trocknet jedoch die Haut aus.

[6] Tragen Sie kleine Mengen des Hundeshampoos auf, wobei Sie sich vom Schwanz zum Kopf vorarbeiten (Abb. D).

[7] Achten Sie darauf, dass auch Output-Port, Pfoten und die Bereiche hinter den Ohren und unter dem Kinn sauber werden (Abb. E).

⚠ **ACHTUNG:** *Der Hund sollte kein Shampoo in die Augen bekommen. Geben Sie unmittelbar vor dem Baden einen Tropfen Paraffinöl oder Olivenöl in jeden Augenwinkel, um Reizungen zu verhindern.*

[8] Brausen Sie den Hund am Kopf beginnend gründlich mit warmem Wasser ab. Drücken Sie überschüssiges Wasser aus seinem Fell heraus. Entfernen Sie die Wattebäusche aus seinen Ohren.

[9] Trocknen Sie das Fell mit einem Handtuch oder Haartrockner (Abb. F). Für lockiges oder langes Fell ist der Föhn besser geeignet. Schalten Sie das Gerät auf die niedrigste Wärmestufe. Föhnen Sie dem Hund nie direkt ins Gesicht.

⚠ **ACHTUNG:** *Einige Rassen (z.B. Bassets und verschiedene Spaniels) haben sehr fettiges Fell. Werden Sie nicht gebadet und ordentlich gebürstet, kann das Fett ranzig werden und ölige Seborrhöe verursachen. Dagegen helfen spezielle medizinische Shampoos. Nähere Informationen erhalten Sie bei Ihrem Service-Provider.*

Ohren

Die Ohren sollten regelmäßig auf unangenehmen Geruch, Rötungen und/oder Entzündungen überprüft werden. Bei Auftreten dieser Probleme wird eine tierärztliche Untersuchung empfohlen. Zum Reinigen der Ohren verwenden Sie einen mit Olivenöl getränkten Wattebausch. Gehen Sie dabei aber niemals zu tief in den Gehörgang. Die Pflege der Ohren ist vor allem bei Rassen mit Hängeohren wichtig.

Augen

Bei einem gesunden Hund glänzen die Augen und sind weit geöffnet.
Zur Instandhaltung der Oberfläche wischt man etwaige Absonderungen
an den Augen mit einem feuchten Waschlappen und etwas Olivenöl
fort. Sollten die Absonderungen grün oder gelb sein, konsultieren Sie
Ihren Service-Provider. Bei weißhaarigen Hunden kann das Fell um die
Augen durch übermäßiges Tränen verfärbt sein. Im Zoofachhandel er-
hältliche Mittel können dies mindern, dürfen aber nur in Absprache mit
dem Tierarzt angewendet werden.

Zähne

Hunde neigen zu Zahnsteinbildung und Zahnfleischentzündungen und
gelegentlich auch zu Karies. Deshalb ist eine regelmäßige Untersuchung durch den Tierarzt obligatorisch.

 EXPERTENTIPP: Trockenfutter kann die Zahnsteinbildung reduzieren.

Analdrüsen

Sollten die Analdrüsen des Hundes voll und/oder entzündet sein, kann
es zu unangenehmer Geruchsentwicklung kommen. Falls der Hund sich
ständig den After leckt oder sein Heck über den Boden zieht, konsultieren Sie Ihren Service-Provider. Am besten beugt man diesem Problem
durch regelmäßiges Entleeren der Analdrüsen vor. Diese Prozedur sollte vom Tierarzt durchgeführt werden, aber unter seiner Anleitung kann
der User sie auch selbst erlernen.

Notfälle

Unbekannte oder nicht identifizierbare Substanzen auf dem Fell des Hundes werden am besten umgehend entfernt. Andernfalls leckt er sie möglicherweise ab, was zu Funktionsstörungen führen kann.

 **Kletten:** Kletten können meist behutsam mit einem Metallkamm entfernt werden. Sehr fest sitzende Kletten lassen sich oft lockern, wenn man etwas Pflanzenöl in den betroffenen Bereich reibt. Funktioniert dies nicht, schneiden Sie die Kletten vorsichtig mit einer Schere heraus.

 **Kaugummi:** Legen Sie zunächst Eis auf den Kaugummi, damit er nicht mehr so klebt, und schneiden Sie ihn anschließend heraus. Im Handel sind verschiedene Produkte erhältlich, die das Entfernen von Kaugummi erleichtern.

 **Farbe:** Handelt es sich um Farbe auf Wasserbasis, weichen Sie die Farbe mindestens fünf Minuten mit Wasser auf, bis sie geschmeidig wird. Dann reiben Sie das Fell zwischen den Fingern, um sie zu entfernen. Jede andere Farbe muss vorsichtig herausgeschnitten werden.

⚠ *ACHTUNG: Verwenden Sie zum Entfernen von Farbe niemals Farbverdünner, Terpentin, Waschbenzin oder andere Lösungsmittel.*

Stinktier: Zwar kommt es hierzulande eher selten vor, doch sollte Ihr Hund dennoch einmal von einem Stinktier bespritzt werden, kann ein gründliches Bad in Tomatensaft ihn von dem Geruch befreien. Setzen Sie den Hund für einige Minuten in eine mit Tomatensaft gefüllte Wanne. Dann spülen Sie den Saft ab und wiederholen die Prozedur. Möglicherweise sind mehrere Bäder (über mehrere Tage hinweg) erforderlich, bis der Geruch ganz verschwunden ist.

Teer: Häufig muss das verschmutzte Fell herausgeschnitten werden, mitunter lässt sich der Teer aber auch mit Vaseline entfernen. Reiben Sie eine kleine Menge in den betroffenen Bereich, und tupfen Sie dann den Teer mit einem sauberen Tuch auf. Wiederholen Sie dies so oft wie nötig. Baden Sie den Hund anschließend. Verwenden Sie dabei ein entfettendes Hundeshampoo.

MODELL H-9.07 · *Bulldogge*

WELPE PUBERTÄT ERWACHSEN SENIOR

ALTERMETER

072 HUND 010 MENSCH

Wachstum und Entwicklung

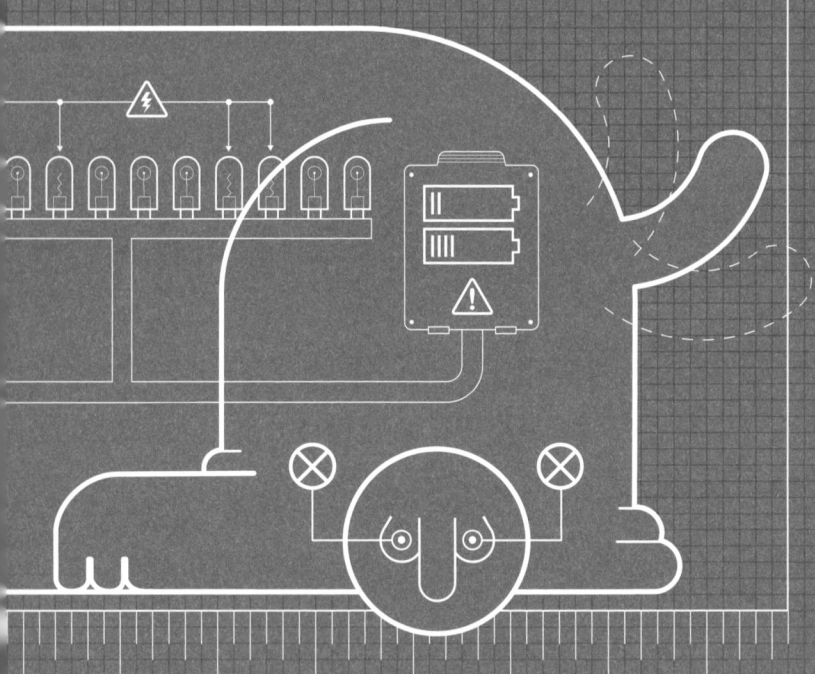

Wachstumsstadien bei Welpen

Im Gegensatz zu den meisten Produkten auf dem Markt, die nur durch den Kauf und die Installation teurer Zusatzgeräte aufgerüstet werden können, verfügt der Hund über die Fähigkeit, seine kognitiven und mechanischen Kapazitäten selbst zu steigern. Am deutlichsten wird dies bei Welpen, die sich innerhalb weniger Monate von einer empfindlichen, hochgradig abhängigen Einheit zu einem voll ausgereiften System entwickeln. Dieses Kapitel gibt einen Überblick über diesen bemerkenswerten Prozess.

0 bis 8 Wochen

Welpen sind zunächst vollkommen von ihrer Mutter abhängig. Sie werden mit geschlossenen Augen und Ohren geboren. Mit 16 Tagen beginnen sie zu laufen. Nach etwa 14 Tagen öffnen Sie die Augen, nach etwa 17 Tagen die Ohren. Das Downloaden von Abfallprodukten ohne Hilfe der Mutter (die zur Anregung dieses Vorgangs den Genitalbereich leckt) beginnen sie etwa ab einem Alter von 23 Tagen. Mit 25 Tagen fangen Welpen an, auf optische und akustische Reize zu reagieren. Mit 4–6 Wochen bekommen Welpen Milchzähne, gleichzeitig beginnen sie mit der Aufnahme fester Nahrung.

Meilensteine der Entwicklung: In dieser Phase ist nur eine gewisse Grundsozialisation möglich, jedoch kaum eine richtige Erziehung. Eine regelmäßige behutsame Bedienung ist hilfreich, um schon Neugeborene an den Menschen zu gewöhnen. Dennoch ist es wichtig, dass ein Welpe in dieser Zeit bei seiner Mutter und seinen Geschwistern bleibt. Nur mit ihrer Hilfe kann er einen Großteil der für richtiges Hundeverhalten notwendigen Programme herunterladen.

8 bis 15 Wochen

Im Alter von etwa 8 Wochen werden Welpen von der Mutter entwöhnt. Aber bereits ab der vierten Woche können sie, sobald die ersten Milch-

zähne da sind, kleine Mengen festen Kraftstoff zugefüttert bekommen. Verwenden Sie Welpennahrung, die Sie zunächst mit Wasser zu einem Brei verrühren. In den folgenden Wochen sollte die Konsistenz des Breis zunehmend dicker werden.

Meilensteine der Entwicklung: Dies ist das entscheidende Alter für die Anpassung des Welpen an den Umgang mit Menschen. Mit 8 Wochen kann er zudem von Mutter und Geschwistern getrennt werden, in seine neue Familie kommen und bereits mit dem Boxen-, Leinen- und Sauberkeitstraining beginnen.

16 Wochen bis 11 Monate

Im Alter von 6–8 Monaten beginnt die Pubertät. Weibchen werden mit 9–15 Monaten geschlechtsreif, Männchen mit 7–12 Monaten. (Weitere Informationen siehe Seite 143–144.)

Meilensteine der Entwicklung: Im Alter von 12–20 Wochen entwickelt der Welpe manchmal Angst vor dem Alleinsein oder vor unbekannten Orten. Meist gibt sich dies mit der Zeit, aber ein Sozialisationskurs kann hier hilfreich sein. Grundlegende Downloads für das Gehorsamstraining werden am besten jetzt durchgeführt.

12 Monate

Mit etwa einem Jahr ist der Hund erwachsen. In den meisten Fällen stellt man jetzt die Ernährung von Welpenkraftstoff auf ein geeigneteres Erwachsenenprodukt um.

Meilensteine der Entwicklung: Im Idealfall ist der Hund jetzt vollkommen an den Menschen gewöhnt und vermutlich auch zu mehr Aufmerksamkeit fähig. Diese Phase eignet sich ausgezeichnet für ein Erziehungstraining für Fortgeschrittene.

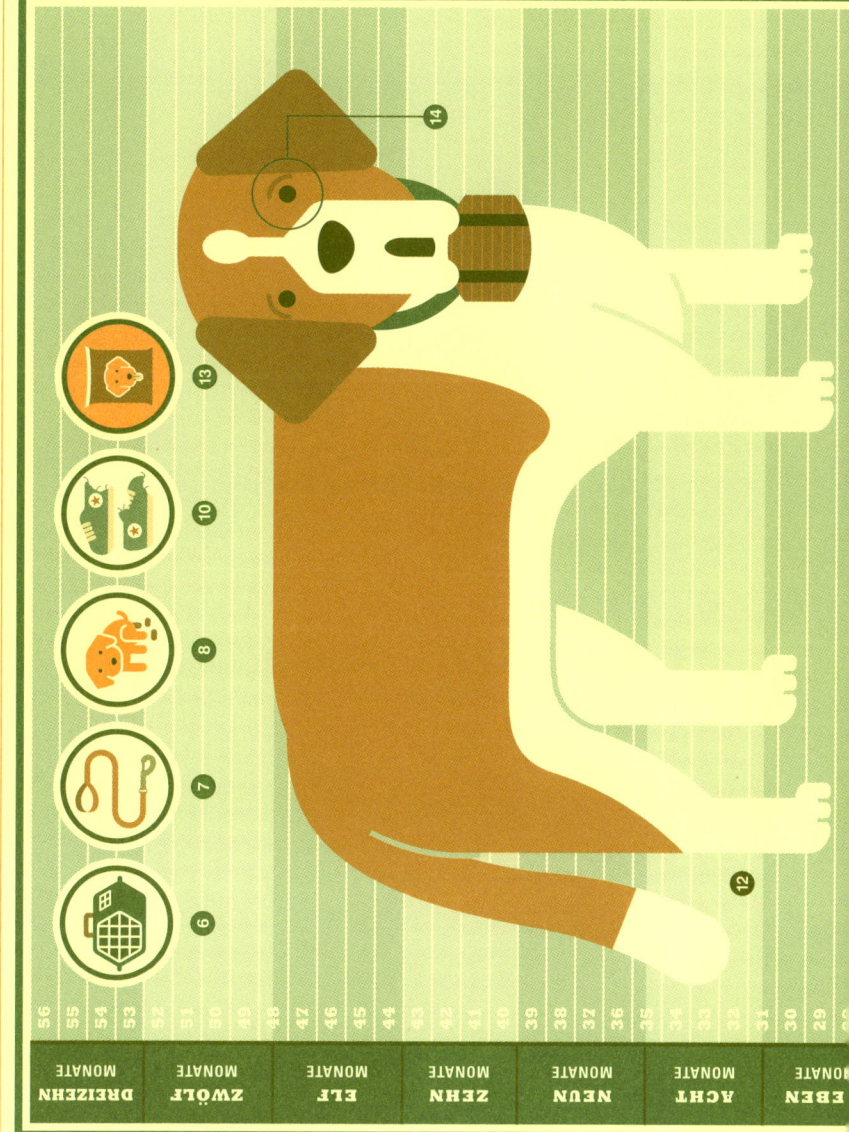

ENTWICKLUNGSSCHRITTE:

1 **0–8 WOCHEN:**

2 16 Tage: Beine funktionieren

3 25 Tage: optische und akustische Sensoren voll funktionsfähig

4 4–6 Wochen: Milchzähne kommen hervor

5 **8–15 WOCHEN:**

6 Boxentraining beginnt

7 Leinentraining beginnt

8 Sauberkeitstraining beginnt

9 **16 WOCHEN BIS 11 MONATE:**

10 12–20 Wochen: Gehorsamstraining empfehlenswert

11 6–8 Monate: Pubertät beginnt

12 **12 MONATE:**

13 auf Erwachsenenkraftstoff umstellen

14 Aufmerksamkeit erhöht

WACHSTUMSSTADIEN: In den ersten zwölf Monaten lädt der Welpe Updates oft selbst herunter.

	WOCHEN
EIN MONAT	0 1 2 3 4
ZWEI MONATE	5 6 7 8 9
DREI MONATE	10 11 12 13
VIER MONATE	14 15 16 17 18
FÜNF MONATE	19 20 21 22
SECH MONAT	23 24 25

Berechnung des Alters des Hundes

Entgegen der landläufigen Meinung werden Hunde nicht mit jedem Kalenderjahr sieben Menschenjahre älter. Tatsächlich altern sie in den ersten beiden Lebensjahren erheblich rascher. Danach entspricht bei kleinen und mittelgroßen Hunden ein Lebensjahr fünf Menschenjahren, bei großen Hunden beträgt das Verhältnis 6 zu 1 und bei Riesenhunden 7 zu 1. Eine Deutsche Dogge ist also nach zehn Kalenderjahren 80 Hundejahre alt, ein Mops dagegen nur 64 Hundejahre.

Entwicklung der Zähne

Die Milchzähne des Hundes kommen im Alter von 4–6 Wochen. Etwa zur selben Zeit sollte man mit dem Füttern von fester Nahrung beginnen. Im Alter von 3–4 Monaten werden die vorderen Schneidezähne

durch bleibende Zähne ersetzt, die bleibenden Fangzähne kommen im sechsten Monat durch, die vorderen Backenzähne im Alter von 4–6 Monaten, die hinteren Backenzähne mit 5–7 Monaten. Wenn die zweiten Zähne rauskommen, haben Welpen ein fast zwanghaftes Bedürfnis zu kauen. Das Kauen festigt die Zähne im Kiefer. Um zu verhindern, dass Ihr Hund auf Mobiliar oder anderen wertvollen Sachen herumkaut, sorgen Sie dafür, dass er reichlich Spielsachen zur Verfügung hat (und beaufsichtigt wird).

Energieversorgung junger Hunde

Welpen sollten hochwertigen, speziell auf ihre Bedürfnisse abgestimmten Kraftstoff erhalten. Ihr Service-Provider wird Ihnen gern eine geeignete Marke nennen. Generell sollten Welpen pro Fütterung nicht mehr Futter erhalten, als sie in 5–10 Minuten auffressen können. Welpen im Alter von 6–12 Wochen werden meist dreimal täglich gefüttert, Welpen im Alter von 12 Wochen bis 12 Monaten zweimal täglich, ältere Tiere ein- oder zweimal täglich.

⚠ *ACHTUNG: Vitamine oder Nahrungsergänzungen sollten Welpen nur auf Anraten des Tierarztes erhalten.*

Geschlechtsreife

Der Zeitpunkt der Geschlechtsreife ist von Rasse zu Rasse und von Hund zu Hund unterschiedlich. Weibchen werden zwischen 12 und 15 Monaten geschlechtsreif, Männchen zwischen 7 und 12 Monaten. Hündinnen werden normalerweise zweimal im Jahr für drei Wochen läufig. Während dieser Zeit, der Hitze, sind sie für die Avancen von Rüden sehr empfänglich und fortpflanzungsfähig. Man sollte sie dann einsperren

und genau im Auge behalten, da sie Rüden über große Entfernungen anlocken können.

Rüden haben keinen »Zyklus«. Sie sind das ganze Jahr über fortpflanzungsbereit und schreiten zur Tat, wann immer sie einer läufigen Hündin begegnen. Die Geschlechtsreife eines Männchens kann sich auch darin zeigen, dass er versucht, Menschenbeine zu bespringen und beim Harnlassen das Bein hebt. (Siehe auch »Kastration«, unten.)

⚠ **EXPERTENTIPP:** *Auch bei Hunden zeigen sich mit beginnender Pubertät mitunter problematische Persönlichkeitsveränderungen. Die Kastration vor Beginn der Pubertät und zusätzliche Bewegung mildern solche Probleme.*

Kastration

Es ist die Pflicht jedes verantwortungsbewussten Tierhalters, seinen Hund kastrieren zu lassen. Das ohnehin bestehende Überangebot an Hunden wird durch unkontrollierte Fortpflanzung noch vergrößert. Wenn Sie also keine Zucht betreiben möchten (was außer bei wertvollen reinrassigen Modellen nicht zu empfehlen ist), sollten Sie Ihr Tier kastrieren lassen, ehe es geschlechtsreif wird. Männchen werden dabei die Hoden entfernt, Weibchen die Eierstöcke. Kastrierte Rüden neigen weniger zum Streunen und sind meist weniger aggressiv und erregbar als ihre nichtkastrierten Artgenossen. Zudem haben sie seltener Gesundheitsprobleme wie etwa Prostataleiden und Hodenkrebs.

Ähnlich ist bei Hündinnen, die vor der Pubertät kastriert wurden, die Wahrscheinlichkeit, Mammatumore (extrem verbreitet) zu entwickeln, beinahe gleich null. Zudem ist die Gefahr der Entstehung von Eierstockzysten, Gebärmutterinfektionen und Krebserkrankungen des Fortpflanzungsapparats (alles häufige Funktionsstörungen) gebannt. Kastrierte Hunde nehmen oft leichter zu, was aber durch 10–20 % weniger Futter und mehr Bewegung ausgeglichen werden kann. In den meisten Fällen ist eine Kastration ab dem Alter von 16 Wochen möglich.

VORTEILE DER KASTRATION

**VERHINDERT BEI RÜDEN
WEITGEHEND ODER GANZ:**

1. Aggressivität
2. Prostataprobleme
3. Hodenkrebs

**VERHINDERT BEI HÜNDINNEN
WEITGEHEND ODER GANZ:**

4. Mammatumore
5. Eierstockzysten
6. Gebärmutterinfektionen
7. Krebserkrankungen
   des Fortpflanzungsapparates
8. unerwünschten Nachwuchs

Alte Hunde

Wann ein Hund als alt gilt, hängt stark vom jeweiligen Modell ab. Als Faustregel gilt: Je größer ein Hund, desto rascher wird er altern. Eine Deutsche Dogge etwa kann schon mit fünf Jahren als Senior betrachtet werden, während ein doppelt so alter kleiner Pudel dann oft noch vollkommen fit ist. Aber ein fortgeschrittenes Alter bedeutet nicht, dass an dem Modell zahlreiche Funktionsstörungen auftreten müssen. Auch ältere Hunde können noch jahrelang gesund, aktiv und schmerzfrei leben.

Eine der besten Methoden, um das Leben eines älteren Hundes zu verlängern und seine Funktionstüchtigkeit zu erhalten, ist die sorgfältige Steuerung seiner Kraftstoffzufuhr. Weil ältere Hunde sich weniger bewegen, brauchen sie weniger Kalorien. Auf der anderen Seite können sie altersbedingt Nährstoffe schlechter aufnehmen, weshalb sie speziell auf ihre Bedürfnisse abgestimmtes Futter bekommen müssen. Da übermäßige Mengen Protein, Phosphor und Natrium Herz- und Nierenprobleme verschlimmern können, enthalten diese Kraftstoffe meist weniger und hochwertigeres Protein und kleinere Mengen der anderen Substanzen, dagegen höhere Anteile an Vitaminen, Zink, Fettsäuren und Ballaststoffen.

Häufige altersbedingte Funktionsstörungen

- Langsamer Verschleiß der akustischen Sensoren
- Verminderte Funktion der optischen Sensoren, meist bedingt durch Linsentrübung oder Katarakte (Grauer Star)
- Magen-Darm-Probleme durch mangelnde Verträglichkeit bei Ernährungsänderung
- Verlust von Muskel- und Knochenmasse, Knorpelabbau, Arthritis
- Ergrauen und Ausfallen der Haare
- Herzgeräusche durch Vernarbungen oder Funktionsstörungen an den Herzklappen
- Inkontinenz, bedingt durch mangelnde Nierenfunktion und Kontrollverlust über die Blase; auch nachlassende geistige Leistung kann dazu führen, dass der Hund seine gute Erziehung »vergisst«

Veralterung und Deaktivierung

Verglichen mit anderen Produkten am Markt ist die Nutzungsdauer eines Hundes recht beeindruckend. Größere Modelle können bis zu zehn Jahre funktionstüchtig bleiben, kompakte Modelle mitunter sogar doppelt so lang. Aber obwohl Ihr Hund fast mit Sicherheit Ihr Auto, Ihren Fernseher und Ihren Computer überlebt, wird Ihnen die gemeinsame Zeit mit ihm möglicherweise erschreckend, wenn nicht gar herzzerreißend, kurz erscheinen.

Dies liegt daran, dass viele Menschen zwar sagen, sie würden ihr Auto, ihren Fernseher oder ihren Computer »lieben«, aber dies ist nicht vergleichbar mit der Liebe zu einem Hund. Obwohl man Hunde so aufrüsten kann, dass sie viele nützliche Aufgaben übernehmen können, besteht ihre wichtigste Funktion darin, dem Menschen Freund und Begleiter zu sein. Und wenn die Zeit gekommen ist, sich von diesem Freund zu trennen, ist dies für den User oft eine sehr bewegende Erfahrung. Aber dies ist auch die Zeit, in der er seinem treuen Gefährten den größten Dienst erweisen kann.

Jeder Fall liegt anders, doch meistens gilt, dass man einen alten Hund so lange leben lassen sollte, solange er bei relativ guter Gesundheit ist und nicht unter starken chronischen Schmerzen leidet. Aber auch wenn der Hund vielleicht nur noch wie ein Schatten seiner selbst erscheint, können Sie sicher sein, dass dies für seine menschlichen Gefährten beunruhigender ist als für ihn selbst. In der umfangreichen Software des Hundes findet sich keine Entsprechung für die menschlichen Gefühle von Trauer und schmerzlicher Wehmut. Mit anderen Worten: Ein alter Hund macht sich keine Sorgen über Vergangenheit oder Zukunft. Er lebt ausschließlich im Hier und Jetzt.

Diese Tatsache ist bei der Frage, wie man mit den letzten Tagen eines Hundes umgeht, von großer Bedeutung. In einigen Fällen geht ein alter Hund zu einer Zeit und an einem Ort der eigenen Wahl vom Netz. Doch in Situationen, in denen sein schlechter Gesundheitszustand den Hund stark beeinträchtigt oder leiden lässt, muss der User an seiner Stelle handeln. Wenn bei einem Hund Schmerzen und Ge-

brechlichkeit die Freude am Leben zu überwiegen scheinen und nicht wirklich Hoffnung auf Besserung besteht, sollte an ein Einschläfern gedacht werden. Die Prozedur ist absolut schmerzlos und kann in der Tierarztpraxis durchgeführt werden. Der Hund erhält eine Überdosis Betäubungsmittel, die ihn fast sofort bewusstlos werden und sehr rasch sterben lässt.

Für den User kann es sehr schwer sein, mit der Deaktivierung seines Hundes zurechtzukommen. In manchen Fällen ist die Trauerzeit ebenso lang wie für einen verstorbenen Menschen. Daran ist nichts Unnatürliches.

Sie können jedoch darauf vertrauen, dass die Zeit alle Wunden heilt und es letztlich nur die vielen glücklichen Erinnerungen sein werden, für die die Garantie niemals ausläuft.

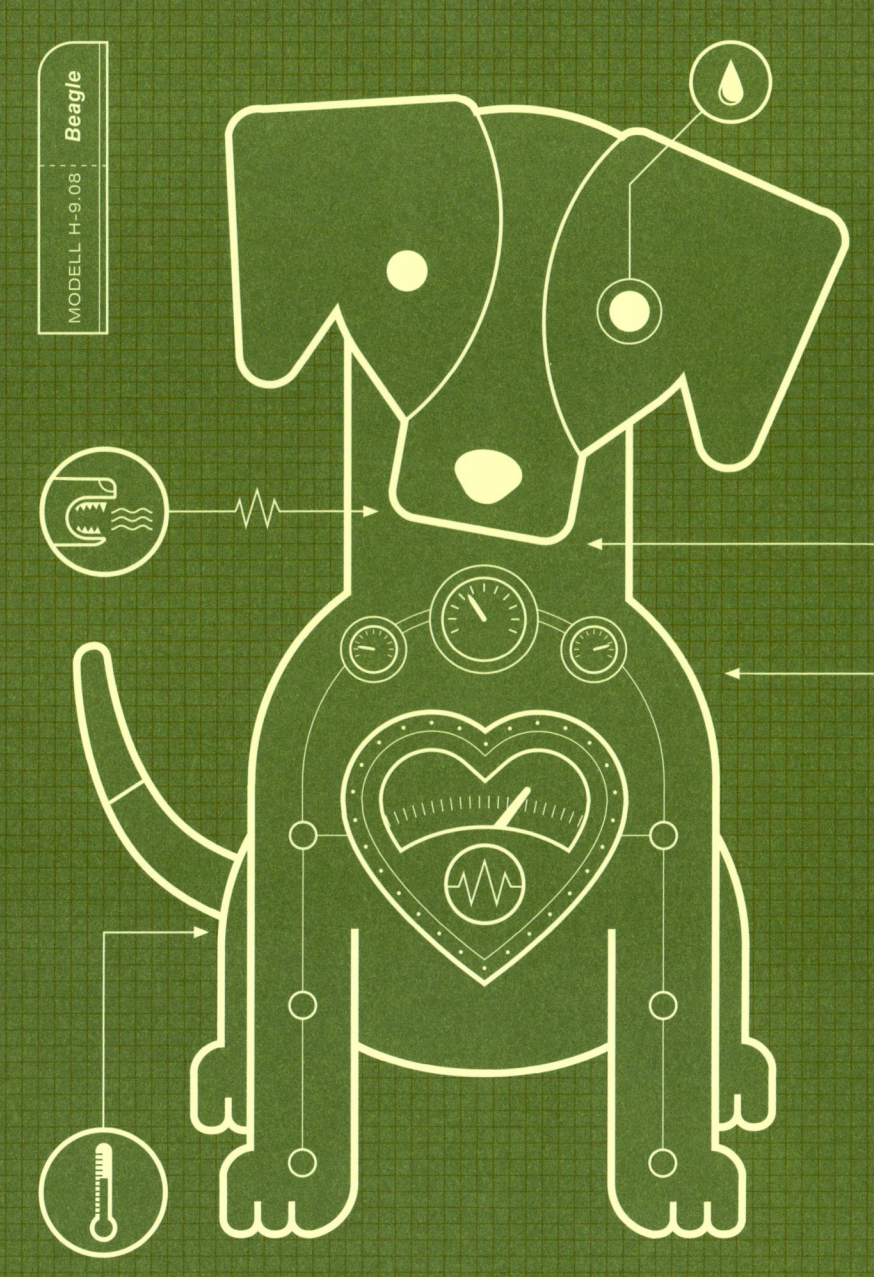

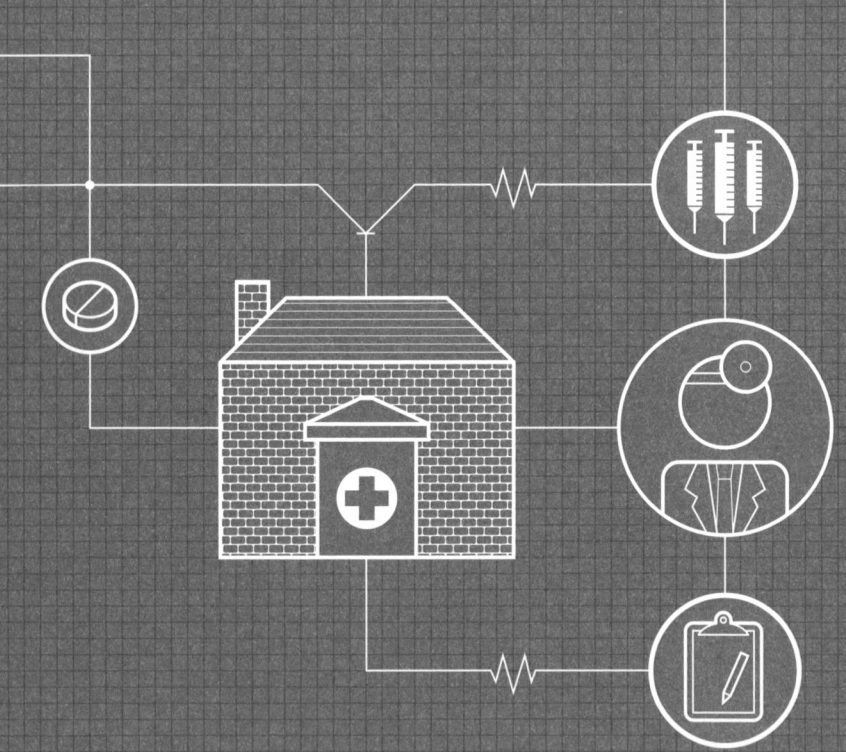

Wartung und Instandhaltung

Hundehaltern steht eine gut entwickelte Infrastruktur von Servicean-
bietern und Hilfsdiensten zur Verfügung, wenn Störungen bei Hardware
und Software auftreten. Dieses Kapitel erklärt, wie Sie einen qualifi-
zierten Tierarzt in Ihrer Nähe finden und richtig nutzen. Zudem beschreibt es, wie Sie kleinere Probleme, die auch leicht zu Hause behoben werden können, erkennen und beseitigen.

Auswahl eines Service-Providers

Eine der ersten Aufgaben eines frisch gebackenen Hundebesitzers ist
die Wahl des richtigen Tierarztes. Im Idealfall wird er Ihren Hund
während seines gesamten Lebens betreuen. Dadurch ist gewährleistet,
dass alle Behandlungen, Impfungen und Reaktionen auf Medikamente
beim Service-Provider dokumentiert sind und er die Besonderheiten in
der Software Ihres Hundes kennt. Diese Dinge werden sich bei kleineren Notfällen als hilfreich erweisen und bei größeren möglicherweise
über Leben und Tod entscheiden. Hier einige Richtlinien für die Auswahl eines Service-Providers:

■ Lassen Sie sich von befreundeten Hundebesitzern mögliche Kandidaten
empfehlen. Auch Rassehunde-Vereine bieten häufig Listen empfehlenswer-
ter Tierärzte an und können mitunter auch Namen von Service-Providern
nennen, die sich mit einzelnen Modellen besonders gut auskennen.

■ Vereinbaren Sie einen Termin mit in Frage kommenden Tierärzten, und
sprechen Sie mit ihnen über Ihren Hund und seine speziellen Bedürfnisse.
Wichtig ist, dass Ihnen der Tierarzt vertrauenswürdig erscheint.

■ Sehen Sie sich in der Praxis um. Ist sie sauber, und riecht es dort frisch?
Welche Dienstleistungen werden angeboten? Ist der Tierarzt in Notfällen
auch außerhalb der Sprechzeiten erreichbar?

■ Lassen Sie strategische Überlegungen mit in Ihre Wahl einfließen. Sind die
Öffnungszeiten für Sie günstig? Ist die Praxis bequem erreichbar? Unprak-
tische Sprechzeiten und eine ungünstige Lage sind im besten Fall problematisch und im schlimmsten Fall lebensbedrohlich.

⚠ *EXPERTENTIPP: Vielleicht sollten Sie den Tierarzt bereits aussuchen, ehe Sie sich einen Hund anschaffen. Falls Sie unsicher sind, für welches Modell Sie sich entscheiden sollen und wo Sie es bekommen, kann er Sie beraten.*

Inspektionen zu Hause durchführen

Hundebesitzer sollten ihre Modelle regelmäßig auf mögliche Gesundheitsprobleme hin überprüfen. Die beste Gelegenheit hierfür bietet sich bei der Wartung des Fells. Folgende Bauteile müssen kontrolliert werden:

Schnauze: Die Zähne sollten weiß, das Zahnfleisch sollte rosa gefärbt (sofern nicht eine natürliche schwarze Pigmentierung vorliegt) und nicht geschwollen sein. Der Atem sollte nicht nach Hund riechen (siehe Seite 161).

Augen: Ein gesunder Hund hat klare Augen, die frei von etwaigen Absonderungen oder Reizungen sind, und er darf nicht schielen.

Ohren: Die Ohren sollten innen rosafarben und frei von Geruch oder dunklen Absonderungen sein und weder schmerzen noch jucken.

Brustkorb: Falls Sie die Rippen des Hundes nicht fühlen können, hat er möglicherweise Übergewicht. Stehen die Rippen heraus, kann er untergewichtig sein.

Pfoten: Untersuchen Sie die Fußballen auf Schäden, und vergewissern Sie sich, dass Krallen und Afterklauen (sofern vorhanden) in gutem Zustand sind.

Output-Port: Achten Sie darauf, dass dieser Bereich sauber und trocken ist und keine Schwellungen oder Quaddeln aufweist.

INSPEKTIONEN ZU HAUSE DURCHFÜHREN

GESUNDES MODELL

1. saubere, weiße Zähne, rosafarbenes Zahnfleisch (außer es ist schwarz pigmentiert)
2. klare Augen
3. innen rosa, keine Absonderungen
4. korrektes Gewicht
5. kurze Krallen
6. sauberer Output-Port
7. gleichmäßiges, glänzendes Fell, kein Flohkot, keine Hautreizungen

KRANKES MODELL

1. schlechter Atem
2. Absonderungen, Schielen, Reizungen oder Trübung
3. Absonderungen, Empfindlichkeit, Juckreiz
4. Über- oder Untergewicht
5. rissige Pfoten, lange Krallen
6. schmutziger Output-Port
7. Flohkot
8. kahle Stellen
9. starker Haarausfall

Haut: Inspizieren Sie die Haut mit einem Kamm auf Flohkot, der ähnlich wie Pfeffer aussieht. Die Haut sollte frei von Geruch, Fett, Schorf, Schuppen und Reizungen sein.

Fell: Untersuchen Sie das Fell auf kahle Stellen, Glanzlosigkeit und/oder übermäßigen Haarausfall.

Besuche beim Service-Provider

Abgesehen von Notfällen sind während des ersten Lebensjahres meist drei Besuche beim Tierarzt erforderlich, danach ein Besuch jährlich. Nachfolgend finden Sie Richtlinien dafür, wann Sie Ihren Hund zum Service bringen sollten und welche Leistungen Sie von Ihrem Service-Provider erwarten können.

Im Alter von 6 bis 8 Wochen

- allgemeine Untersuchung
- Kombinationsimpfung gegen Staupe, Hepatitis, Parainfluenza und Parvovirose durchführen
- Stuhl auf Parasiten untersuchen
- Hund entwurmen
- mit Herzwurmprophylaxe (wobei diese Krankheit im deutschsprachigen Raum noch nicht so verbreitet ist) und, je nach Jahreszeit, mit Flohprophylaxe beginnen

Im Alter von 10 bis 12 Wochen

- allgemeine Untersuchung
- Kombinationsimpfung wie oben sowie Impfung gegen Leptospirose durchführen
- Hund entwurmen

- Impfung gegen Zwingerhusten durchführen
- Herzwurmprophylaxe (s. o.) und, je nach Jahreszeit, Flohprophylaxe durchführen

Im Alter von 14 bis 16 Wochen

- allgemeine Untersuchung
- Kombinationsimpfung (s. o.) auffrischen
- Impfung gegen Zwingerhusten auffrischen
- Tollwutimpfung durchführen
- Herzwurmprophylaxe (s. o.) und, je nach Jahreszeit, Flohprophylaxe durchführen

Jährlich

- allgemeine Untersuchung
- Kombinationsimpfung auffrischen
- Impfung gegen Zwingerhusten auffrischen
- Tollwutimpfung auffrischen
- Hund (falls notwendig) entwurmen
- Blut auf Herzwurmbefall untersuchen
- bei älteren Hunden (ab 5–7 Jahren) Funktion von Nieren, Leber und anderen Organen sowie Blutzuckerspiegel prüfen

⚠ *ACHTUNG: In manchen Ländern werden weitere Impfungen wie z.B. gegen Borreliose empfohlen oder gefordert. Zur Zeit gibt es eine hitzige Debatte, welche Impfungen verabreicht und wie häufig sie durchgeführt werden sollten. Lassen Sie sich von Ihrem Service-Provider über den neuesten Stand der Dinge informieren.*

Möglicherweise schwere Hardwarefehler

In Laufe des Lebens treten bei einem durchschnittlichen Hund eine Reihe mechanischer Störungen auf, von denen sich die meisten rasch von selbst wieder geben. Falls die Symptome jedoch nach 24 Stunden noch nicht verschwunden sind oder sich gar verschlimmert haben, sollten Sie professionelle Hilfe in Erwägung ziehen.

Appetitlosigkeit: kann viele Ursachen vom Ausbruch einer Infektionskrankheit über starke Schmerzen bis hin zu psychischen Problemen haben. Doch alle Hunde lassen gelegentlich ihr Futter stehen. Dies ist nur dann Anlass zur Sorge, wenn der Hund länger als 24 Stunden nicht frisst.

Atemwegsbeschwerden: Anhaltende Atemwegsbeschwerden (Husten, Niesen, schwere Atmung usw.) können ein Symptom für zahlreiche Probleme von Erstickungsanfällen bis hin zu Herzerkrankungen sein. Begeben Sie sich umgehend zum Tierarzt.

Augensekretion: Eine gewisse Menge ist normal. Über starke oder grün und/oder gelb verfärbte Absonderungen sollte der Tierarzt informiert werden. Auch Rötungen oder Schwellungen sollte der Service-Provider untersuchen.

Blutungen: Oberflächliche Schnittwunden oder Kratzer können zu Hause versorgt werden. Stichwunden oder tiefere Verletzungen müssen sofort vom Tierarzt behandelt werden, ebenso anhaltende Blutungen aus Körperöffnungen. Gelegentliche leichte Blutungen beim Stuhlabsetzen sind für gewöhnlich kein ernsthaftes Problem.

Durchfall: Kurzzeitiger Durchfall kann harmlose Ursachen haben wie etwa ungewohntes Futter. Hält der Durchfall jedoch länger als 24 Stunden an, kontaktieren Sie Ihren Service-Provider, da er zu Austrocknung führen kann. Bei einem Hund, der unter Austrocknung leidet, verliert die Haut ihre Elastizität und schnellt bei sanftem Ziehen nicht sofort zurück.

Erbrechen: Ein Hund, der innerhalb von 24 Stunden ein- oder zweimal erbricht, sollte genau beobachtet werden. In vielen Fällen gibt sich das Problem von allein. Erbricht der Hund über zwölf Stunden hinweg immer wieder, ist ein Tierarztbesuch notwendig. Findet sich im Erbrochenen Blut, begeben Sie sich umgehend zu Ihrem Service-Provider.

Fieber: Die normale Kerntemperatur eines Hundes liegt bei 38 – 39 °C. Eine Körpertemperatur über 39,5 °C gilt als Fieber. Sollte sie über 40,2 °C liegen, suchen Sie umgehend Ihren Tierarzt auf. (Siehe »Messen der Kerntemperatur«, Seite 165.)

Gewichtsverlust: Deutlicher Gewichtsverlust kann ein Symptom für zahlreiche Erkrankungen sein, auch für Krebs. Vielleicht erhält der Hund aber einfach nicht genügend Kalorien. Konsultieren Sie Ihren Service-Provider.

Harnlassen, fehlerhaftes: Bei einem eigentlich stubenreinen erwachsenen Hund kann regelmäßiges unautorisiertes Harnlassen Probleme wie Nierenerkrankungen, Diabetes, eine Harnwegsinfektion und sogar beginnende Senilität anzeigen.

Hautreizungen: Kleine trockene Stellen oder so genannte »Hot Spots« (siehe Seite 160) können zu Hause behandelt werden. Hautstellen, die gerötet oder gereizt sind, nässen oder dem Hund offensichtliches Unbehagen bereiten, sollte der Tierarzt untersuchen.

Hinken: Kann diverse Ursachen von Verstauchungen bis hin zu beginnender Hüftgelenksdysplasie oder Arthritis haben. Besteht das Problem länger als ein bis zwei Stunden, konsultieren Sie Ihren Service-Provider.

Kollaps: Sollte Ihr Hund umfallen und nicht mehr aufstehen können, muss er zum Tierarzt. Versuchen Sie sich zu erinnern, was direkt vor dem Kollaps geschah. Möglicherweise lässt sich die Ursache dann leichter erkennen.

Krämpfe: können ein Hinweis auf eine Vielzahl von Funktionsstörungen sein, von Epilepsie bis hin zu schweren Kopfverletzungen. Bleiben Sie während des Anfalls bei dem Hund, und achten Sie darauf, wie lange der Anfall dauert. Sobald er vorbei ist, suchen Sie Ihren Tierarzt auf. Dauert der Krampf länger als fünf Minuten, bringen Sie das Tier sofort in die Praxis. Halten Sie Ihre Hände vom Maul des Hundes fern.

Ohrensekretion: Wenn übermäßig große Mengen Ohrenschmalz produziert werden bzw. die Absonderungen verfärbt sind oder riechen, konsultieren Sie Ihren Service-Provider.

Wasseraufnahme, übermäßige: kann (vor allem bei älteren oder übergewichtigen Hunden) ein Anzeichen für Diabetes oder eine Nierenfunktionsstörung sein.

Zahnfleischverfärbungen: Rosafarbenes Zahnfleisch zeigt eine normale Sauerstoffversorgung des Gewebes an. Blasses, weißes, blaues oder gelbes Zahnfleisch erfordert eine tierärztliche Untersuchung. Um festzustellen, wie gut das Zahnfleisch Ihres Hundes durchblutet ist, drücken Sie kurz darauf. Dauert es weniger als eine oder mehr als drei Sekunden, bis es sich wieder normal färbt, kann eine behandlungsbedürftige Erkrankung vorliegen.

Zittern: Kann vielfältige Ursachen von neurologischen Schäden bis hin zu Vergiftungen haben. Begeben Sie sich umgehend zum Tierarzt.

Kleinere Hardwarefehler

Geringfügigere Funktionsstörungen lassen sich oft durch einfache Erste-Hilfe-Maßnahmen beheben. Zu deren Einschätzung stellen Sie sich die Frage, was Sie tun würden, wenn ein Kind ein vergleichbares Problem hätte. Würden Sie das Kind ins Krankenhaus bringen, gehen Sie mit dem Hund zum Tierarzt.

Beschädigte Afterklauen: Starkes Wachstum und die Tatsache, dass sie nicht von Knochen gestützt werden, macht die Afterklauen anfällig für Beschädigungen, wenn der Hund mit ihnen an Teppichen, im Unterholz oder im hohen Gras hängen bleibt. Kleinere Risse behandelt man wie oberflächliche Schnittwunden (siehe unten), große sollten dem Tierarzt gezeigt werden. Manchmal ist eine operative Entfernung der Afterklauen die beste Lösung.

Eingerissene und/oder blutende Krallen: Ist der Riss klein und nahe am Ende des Nagels, entfernt man ihn behutsam mit einem Nagelknipser. In allen anderen Fällen konsultieren Sie Ihren Service-Provider.

Hautreizungen: Reinigen Sie den Bereich, und tragen Sie zwei- bis dreimal täglich eine wasserlösliche Jodsalbe auf.

Hot Spots: lokal begrenzte allergische Reaktionen, die starken Juckreiz hervorrufen. In der Folge können (meist durch Lecken) Reizungen entstehen. Hot Spots bereiten dem Hund großes Unbehagen und können sich unbehandelt rasch verschlimmern. Bei kleinen Stellen schneidet man das Fell weg und reinigt sie mit Wasserstoffperoxid (H_2O_2) in 1%iger Lösung (in Apotheken erhältlich. **Achtung:** eine zu hohe Konzentration von H_2O_2 kann zu Verätzungen führen!), anschließend behandelt man sie täglich mit einer wasserlöslichen Jodsalbe (z. B. Freka-cid, Betaisodona, Braunol), bis sie vollkommen abgeheilt sind. Bei großen Stellen konsultieren Sie Ihren Tierarzt.

Kleinere allergische Reaktionen: entstehen oft durch Insektenstiche. Ein- oder zweimal täglich Melkfett auftragen.

Oberflächliche Schnittwunden und Kratzer: Reinigen Sie den Bereich mit Wasser. Tragen Sie zweimal täglich eine wasserlösliche Jodsalbe auf.

Schlechter Atem: kann ein Hinweis auf Zahnfleischerkrankungen, starke Zahnsteinbildung oder eine Reihe anderer Probleme im Maul sein. Süßlicher Atem zeigt mitunter Diabetes an.

Zusammenstellen einer Erste-Hilfe-Box

In der Regel sollte der Hund bei gesundheitlichen Problemen dem Tierarzt vorgestellt werden, kleinere Probleme können Sie mit der folgenden Ausrüstung jedoch auch zu Hause behandeln. Bewahren Sie alle Utensilien in einem Behälter auf (ein kleiner Werkzeugkasten aus Kunststoff eignet sich ideal). Deponieren Sie diesen an einem leicht zugänglichen Ort. Legen Sie auch einen Zettel mit Name und Telefonnummer Ihres Tierarztes und der Telefonnummer der nächsten Notfall-Tierklinik hinein.

- Verbandswatte und Wattebäusche
- Mullkompressen und Mullverband
- Schere
- Augenbad
- Eingabespritzen
- Großes Handtuch
- Untersuchungshandschuhe
- Fixierpflaster (2 cm breit)
- Eispackung
- Thermometer (vorzugsweise ein Digitalthermometer)

Sie können auch die medizinischen Unterlagen Ihres Hundes beim Erste-Hilfe-Kasten aufbewahren. Der Ordner sollte alle wichtigen Informationen über die Gesundheit Ihres Hundes enthalten, darunter:

■ EU-Impfausweis/EU-Heimtierausweis mit Angaben über alle Impfstoffe und dem jeweiligen Datum, wann sie verabreicht wurden

■ Liste mit in der Vergangenheit verabreichten Medikamenten

■ aktuell verabreichte Medikamente wie etwa Mittel gegen Flöhe

■ Ergebnisse von Bluttests (mit Datum)

■ Tierarztrechnungen und, wenn möglich, Untersuchungsergebnisse (sie dokumentieren frühere Erkrankungen und Behandlungsweisen)

Verabreichen von Tabletten

Wenn Sie Ihrem Hund Tabletten verabreichen müssen, gehen Sie wie folgt vor:

[1] Halten Sie die Schnauze des Hundes mit Ihrer nicht dominanten Hand fest, Daumen auf der einen Seite, Finger auf der anderen (Abb. A).

[2] Richten Sie die Schnauze des Hundes nach oben. Drücken Sie hinter den Fangzähnen fest zu, bis der Hund das Maul öffnet (Abb. B).

[3] Nehmen Sie die Tablette zwischen Daumen und Zeigefinger Ihrer dominanten Hand, und benutzen Sie dann die übrigen drei Finger der Hand, um den Unterkiefer weiter zu öffnen.

[4] Legen Sie die Tablette weit hinten in das Maul des Hundes. Schließen Sie das Maul, und halten Sie es zu (Abb. C).

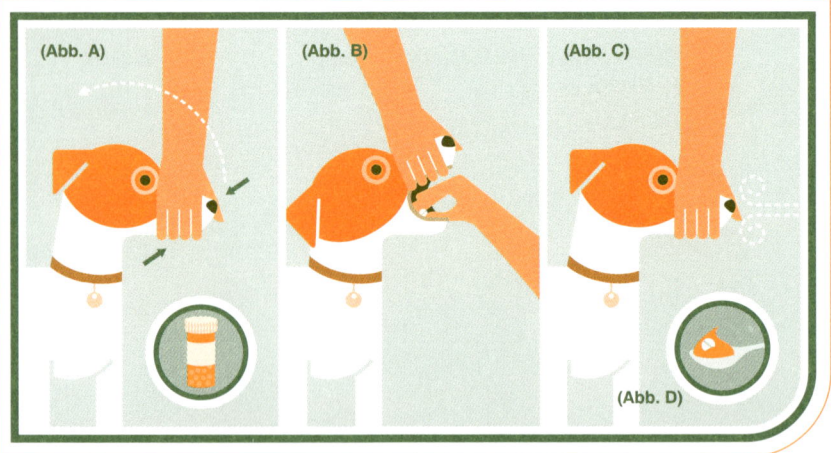

(Abb. A)   (Abb. B)   (Abb. C)

(Abb. D)

⚠️ *EXPERTENTIPP: Ein kurzes Pusten auf die Nase lässt den Hund schlucken. Vielen Hunden können Tabletten auch in Streichwurst oder Käse versteckt (Abb. D) verabreicht werden.*

[5] Belohnen Sie den Hund nach Verabreichen der Tablette mit einem Leckerbissen, um ihn für die Zukunft zu motivieren.

Messen der Herzfrequenz

Der Puls eines normalen Hundes liegt bei 60 bis 140 Schlägen pro Minute. Sollte er dauerhaft höher oder niedriger sein, kontaktieren Sie umgehend Ihren Tierarzt.

[1] Ermuntern Sie den Hund, sich auf die rechte Seite zu legen.

[2] Winkeln Sie sein linkes Vorderbein an, bis das Kniegelenk die Brust berührt.

[3] Legen Sie eine Hand auf seine Seite, oder benutzen Sie ein Stethoskop.

[4] Schauen Sie auf den Sekundenzeiger Ihrer Uhr, und zählen Sie 60 Sekunden lang die Herzschläge.

Messen der Kerntemperatur

Verwenden Sie am besten ein Digitalthermometer. Ohrenthermometer sind für Hunde wegen der Bauweise ihrer Gehörgänge ungeeignet.

[**1**] Bitten Sie einen Helfer, den Kopf des Hundes festzuhalten (Abb. A).

[**2**] Tragen Sie auf die Spitze des Thermometers Vaseline oder ein anderes Gleitmittel auf (Abb. B).

[**3**] Führen Sie das Thermometer etwa 2,5 cm tief in das Rektum des Hundes ein (Abb. C). Halten Sie es in dieser Position, bis es zu piepsen beginnt.

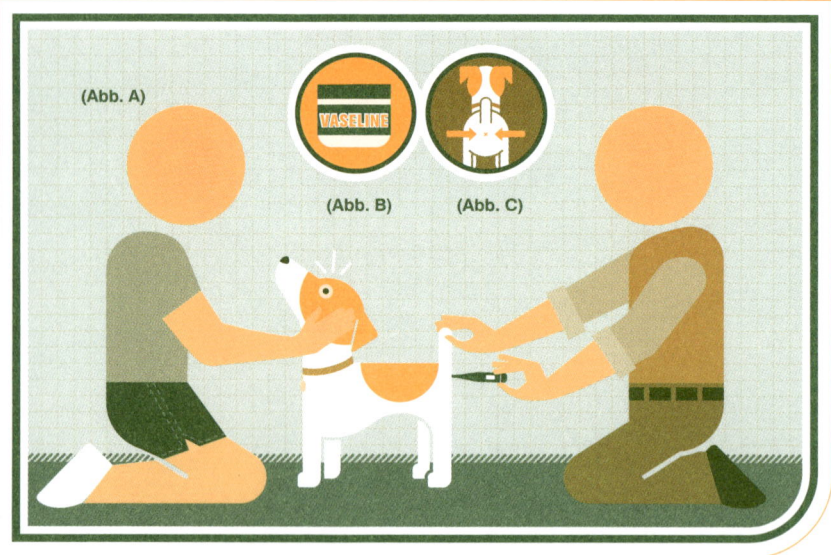

(Abb. A)

VASELINE

(Abb. B)   (Abb. C)

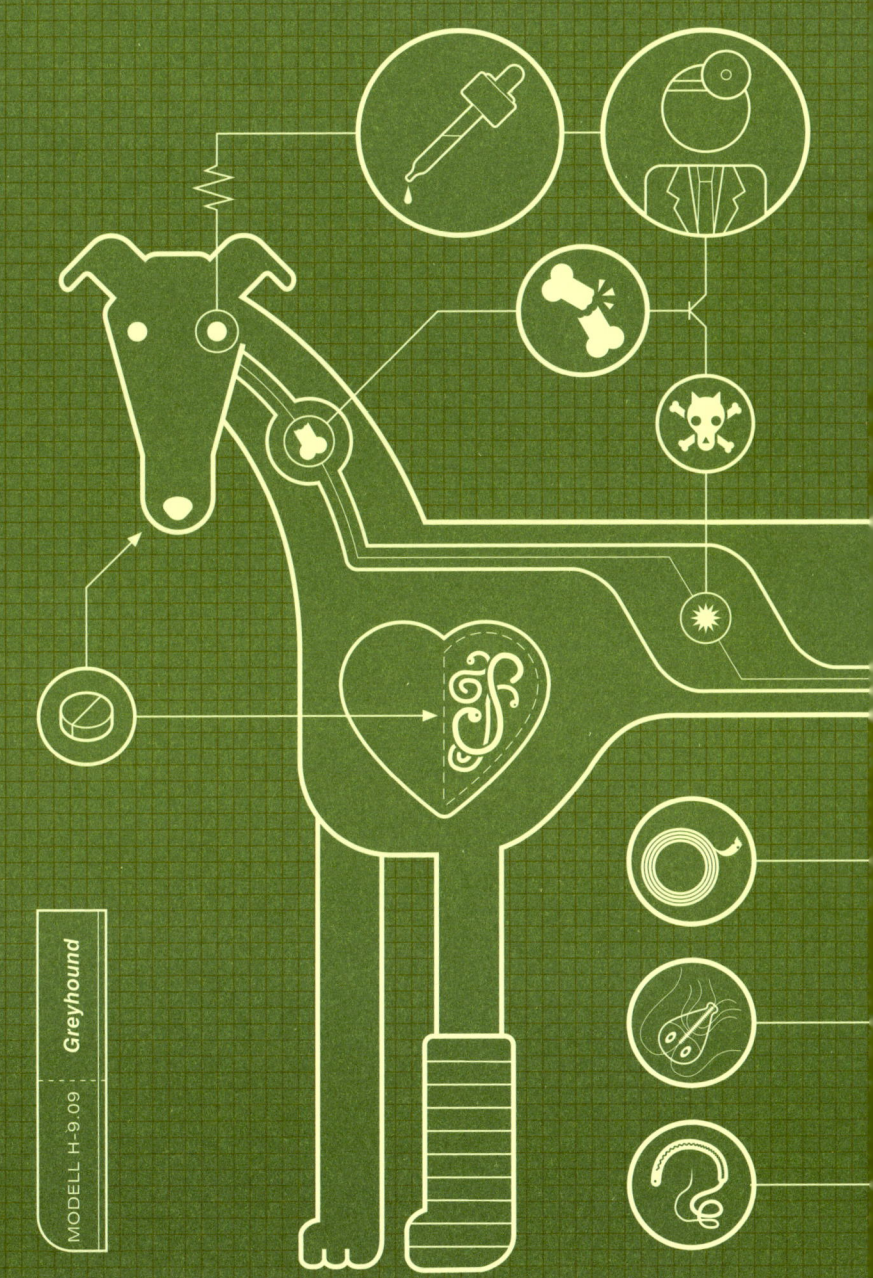

MODELL H-9.09 | *Greyhound*

Notfall-
versorgung

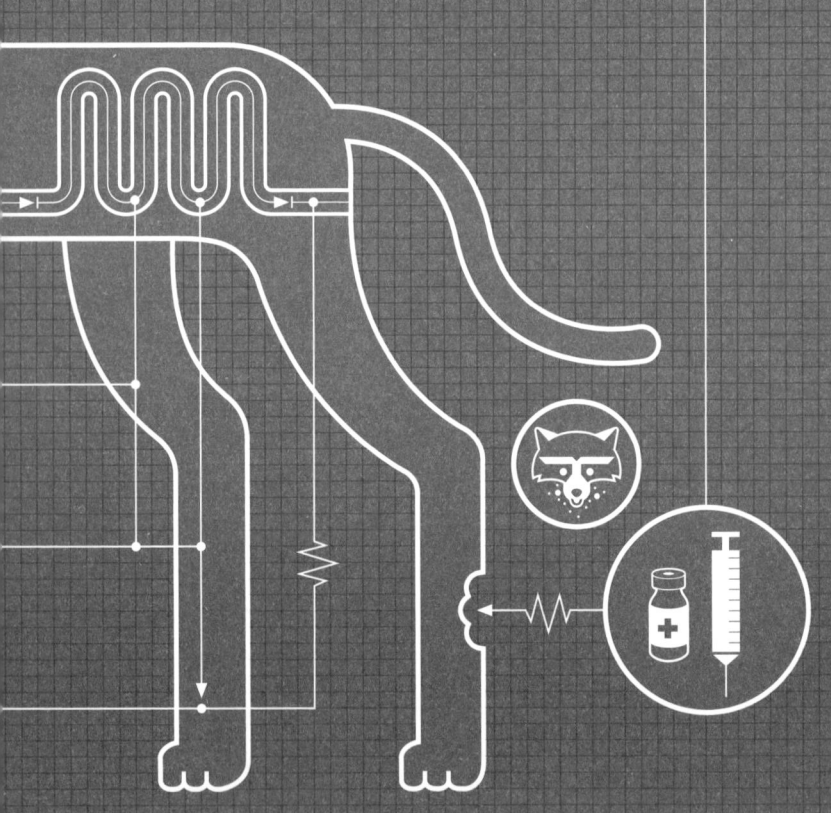

Nachfolgend finden Sie eine kurze Übersicht über die wichtigsten – und gefährlichsten – Funktionsstörungen beim Hund. Die Liste mag erschreckend wirken, doch bei korrekter Wartung und fachmännischer Intervention können die meisten dieser Probleme korrigiert oder verringert werden. Ein Kreuz (✚) vor dem Namen einer Krankheit bedeutet, dass sofort der Tierarzt aufgesucht werden muss. Ein Totenschädel (☠) kennzeichnet Erkrankungen, die tödlich sein können.

Ansteckende Krankheiten

Gegen alle diese Krankheiten gibt es Impfstoffe. Welche Impfungen durchgeführt werden sollten und wann, erfahren Sie von Ihrem Service-Provider.

✚ ☠ **Tollwut:** Virusinfektion, die gewöhnlich durch den Biss eines infizierten Tieres übertragen wird und eine schwere, tödlich endende Schädigung des Nervensystems zur Folge hat. Ungeimpfte Hunde unter Tollwutverdacht werden von den Behörden sofort eingeschläfert.

✚ ☠ **Staupe:** Diese Viruserkrankung ist die größte Bedrohung für die Hundewelt. Bei Welpen (am stärksten gefährdet) und jungen Hunden liegt im Infektionsfall die Todesrate bei bis zu 80 %. Überlebende Hunde haben oft schwere irreversible neurologische Schäden. Die Krankheit ist hochgradig ansteckend.

✚ **Parainfluenza:** Das verursachende Virus bewirkt eine leichte Atemwegsinfektion, die einer Grippe ähnelt.

✚ ☠ **Leptospirose:** Bakterienerkrankung, die zu Nierenschäden und sogar zu Nierenversagen führen kann. Die Ansteckungsgefahr ist je nach Region sehr unterschiedlich. Von Ihrem Tierarzt erfahren Sie, welches Risiko für Ihren Hund besteht.

⚠ VORSICHT: Tollwut führt zu Funktionsstörungen und zum Systemabsturz.

TOLLWUT:

1. wird durch Biss eines infizierten Tieres verbreitet
2. kann durch Impfung verhindert werden
3. befällt über das Nervensystem Gehirn und Wirbelsäule
4. bei Hunden stets tödlich
5. SOFORT Behörden unterrichten
6. **ACHTUNG:** Modell nicht anfassen

ZU DEN SYMPTOMEN GEHÖREN:

ERWEITERTE PUPILLEN

DRASTISCHE VERHALTENS-ÄNDERUNGEN

KONSTANTES KNURREN/BELLEN

SCHAUM VOR DEM MUND

⚠ ACHTUNG: Auf Menschen übertragbar; unbehandelt tödlich.

Im Fall eines Bisses sofort zum Arzt gehen.
Treten Symptome auf, gibt es keine Heilung mehr.

✚ ☠ **Parvovirose:** sehr ansteckende Viruserkrankung, die Ende der 1970er Jahre zum ersten Mal auftrat. Das Virus greift Darm, weiße Blutkörperchen und Herz an. Betroffene Hunde erbrechen heftig, dann bekommen sie blutigen Durchfall. Bei erwachsenen Hunden ist durch intensive Behandlung nach 7–10 Tagen Heilung möglich, bei Welpen verläuft die Krankheit oftmals tödlich.

✚ **Zwingerhusten:** Bakterieninfektion, die 2–3 Wochen dauernden, schweren Husten verursacht.

✚ **Corononavirus:** befällt die Darmwand und bewirkt eine Magen-Darm-Entzündung.

✚ **Borreliose:** wird durch Zecken übertragen und kann neben anderen Problemen Gelenkentzündungen und Nervenerkrankungen verursachen. Hunde sind für Borrelieninfektionen sehr empfänglich. Diese Erkrankung tritt in Europa seit den letzten zehn Jahren immer häufiger auf, wobei die auslösenden Bakterien (Borrelien) durch einen Zeckenbiss übertragen werden. Es stehen wirksame Bekämpfungsstrategien zur Verhinderung des Zeckenbefalls zur Verfügung (z. B. durch Impfung). Fragen Sie dazu Ihren Tierarzt. Menschen sind ebenfalls gefährdet.

Chronische Krankheiten

✚ ☠ **Krebs:** Krebserkrankungen treten bei Hunden etwa ebenso häufig auf wie bei Menschen. Bei Hunden über zehn Jahren ist etwa die Hälfte der Todesfälle auf diese Krankheit zurückzuführen. Besonders anfällig für Tumore sind beim Hund Brust, Haut, Mundhöhle, Hals, Knochen, Lymphdrüsen und Hoden. Die Behandlung erfolgt unter anderem durch operative Eingriffe, Medikamente und Bestrahlung. Der Erfolg hängt von der Krebsart, der Behandlungsweise und dem Zeitpunkt der Diagnose ab.

✚ **Herzerkrankungen:** Hier kann es sich um eine genetisch bedingte oder um eine erworbene Funktionsstörung handeln. In den USA wird jedes Jahr bei etwa 3,2 Millionen Hunden eine erworbene Herzerkrankung diagnostiziert. Die häufigsten Probleme sind Herzklappen, die nicht mehr richtig schließen, und dünn oder schwach gewordene Herzwände. Beides kann ohne Behandlung zu Herzinsuffizienz führen. Zu den Symptomen gehören Husten, Lethargie, Herzvergrößerung und Atemprobleme. Heilung ist nicht möglich, aber eine geeignete Behandlung kann die Symptome lindern und lebensverlängernd wirken.

✚ ☠ **Nierenerkrankungen:** Eine akute Erkrankung kann plötzlich auftreten und zahlreiche Ursachen haben, von kleinen Infektionen bis hin zu Verletzungen. Die Folge sind meist schwere Nierenschäden oder Nierenversagen. Es gibt Behandlungsmöglichkeiten, aber überlebende Hunde haben oft eine stark eingeschränkte Nierenfunktion. Chronische Nierenerkrankungen, unter denen vor allem ältere Hunde leiden, verlaufen schleichend. Eine Ernährungsumstellung kann die Krankheit verlangsamen, aber nicht aufhalten, und viele Hunde sterben letztlich an Nierenversagen.

✚ **Blasenprobleme:** Hunde können unter einer Vielzahl von Blasenproblemen leiden, von denen die meisten auch bei Menschen auftreten wie Nierensteine, Blasenentzündung oder Blasenkrebs.

✚ **(Osteo)arthritis:** Diese altersbedingte Funktionsstörung tritt auf, wenn sich die Knorpelschicht zwischen den Knochen abnutzt und eine Entzündung entsteht. Schmerzmittel, Nahrungsergänzungen und eine Änderung der Lebensweise können die Symptome bis zu einem gewissen Grad lindern. Bei übergewichtigen Hunden können eine Diät und etwas Bewegung eine deutliche Verbesserung bewirken.

Erbliche Krankheiten

Oft sind bestimmte Hunderassen anfällig für genetische Krankheiten, was nicht bedeutet, dass Sie deshalb auf ein bestimmtes Modell verzichten sollten, aber Sie müssen sich auf seine speziellen Bedürfnisse einstellen. Im Folgenden finden Sie eine unvollständige Liste möglicher Leiden und einige der Rassen, die jeweils besonders davon betroffen sind.

Augenprobleme: Sie können von einer Prädisposition für Katarakte über Hornhautgeschwüre bis hin zu nach innen wachsenden Wimpern im Augenlid reichen. Anfällig für erbliche Augenleiden sind u. a. Border Collie, Boxer, Chow Chow, Cocker Spaniel, Dobermann, Pekinese, Pudel, Rottweiler und Schnauzer.

Diabetes: recht verbreitetes Problem bei Dackeln.

Epilepsie: tritt mitunter bei Beagle, Cocker Spaniel, Labrador Retriever und Deutschem Schäferhund auf.

Hauterkrankungen: manifestieren sich bei zahlreichen Rassen in vielfältigen Funktionsstörungen. Boxer etwa sind für Dermoidzysten (eine Art Hautzyste), Zahnfleischtumore, Hauttumore und Mastzellentumore anfällig, während West Highland White Terrier, Golden Retriever, Bull Terrier und Beagle unter Atopischer Dermatitis leiden können.

Herzdefekte/-probleme: kommen häufig bei Boxer, Cavalier King Charles Spaniel und Bulldogge vor. Die Erkrankungen können von deformierten Herzklappen bis hin zur vorzeitigen Degeneration des Herzmuskels reichen.

Hüftgelenksdysplasie: Hüftleiden, das mitunter die Funktion der Hinterbeine schwer beeinträchtigt. Die Krankheit wird durch eine ererbte Fehlbildung des Hüftgelenks verursacht und durch Übergewicht stark verschlimmert. Man findet sie bei fast allen großen Rassen wie Deutschem Schäferhund, Labrador Retriever und Rottweiler. Bei Greyhounds tritt sie dagegen nur selten auf.

Rückenprobleme: kommen häufig bei Beagle, Cocker Spaniel, Dackel und Pekinese vor.

Taubheit: findet man mitunter bei Bull Terriern (interessanterweise nur bei vollkommen weißen Modellen) und Dalmatinern.

Allergien

Allergien sind Funktionsstörungen im Immunsystem, die zu einer Überreaktion auf bestimmte Umweltfaktoren (so genannte Allergene) führen können. Allergien treten bei Hunden ebenso häufig auf wie bei Menschen (und sind ein besonderes Problem bei Rassehunden, die mitunter genetisch bedingt auf spezielle Allergene reagieren). Die Auslöser sind vielfältig, von Flohspeichel über gewöhnliches Gras bis hin zu Substanzen im Hundefutter. Die individuellen Reaktionen auf Allergene reichen von leichtem Unwohlsein bis hin zu lebensbedrohlichen Zuständen (einschließlich dem Anschwellen und Verschluss der Atemwege).

Meist zeigen sich die Symptome auf der Haut. Am weitesten verbreitet ist ein Jucken von Pfoten, Ohren, Bauch, Gesicht und Rektalbereich. Zu weiteren Problemen gehören Haarausfall, Nesselsucht (Urtikaria) und Magen-Darm-Probleme. Allergische Reaktionen auf Insektenstiche können mitunter sehr schwer ausfallen und einen lebensbedrohlichen anaphylaktischen Schock auslösen. Sollten Sie den Verdacht haben, dass Ihr Hund an einer Allergie leidet, konsultieren Sie Ihren Tierarzt.

Gifte

Hunde müssen softwarebedingt alles, was neu ist, erst mal untersuchen, weshalb sie mitunter selbst gefährliche Substanzen fressen. Sollten Sie dies bei Ihrem Hund beobachten, spülen Sie ihm (falls möglich) sofort das Maul mit Wasser aus. Kontaktieren Sie dann sofort Ihren Service-Provider oder die Giftzentrale für weitere Instruktionen. Falls Sie den Hund dem Fachmann vorstellen müssen, nehmen Sie nach Möglichkeit die Verpackung mit, in der sich das Gift befunden hat. Vielleicht liefert sie wichtige Informationen über die gefressene Substanz.

Aspirin: kann bei unsachgemäßer Verabreichung für Hunde giftig sein. *Symptome:* Taumeln, blasses Zahnfleisch, Blut im Erbrochenen, blutiger Durchfall, Kollaps. *Gegenmaßnahmen:* Hat die Aufnahme gerade erst stattgefunden, bringen Sie den Hund zum Erbrechen (Seite 176), und flößen Sie ihm zur Neutralisierung des Aspirins eine Mischung aus etwa 2 EL Wasser und 1–2 TL Haushaltsnatron ein. Gehen Sie dann sofort zum Tierarzt.

Blei: Dieses Gift findet sich oft in abgeblätterter alter Farbe. *Symptome:* Appetitlosigkeit, Gewichtsverlust, Erbrechen bis hin zu Krämpfen, Lähmung, Erblindung, Koma. *Gegenmaßnahmen:* Symptome einer Bleivergiftung entwickeln sich langsam. Bitten Sie im Verdachtsfall Ihren Tierarzt um eine Blut- oder Urinuntersuchung.

Chlor: Sollten Sie einen Swimmingpool besitzen, bewahren Sie Chlor stets an einem sicheren Ort auf. *Symptome:* tränende oder gereizte Augen, gerötetes Maul, Erbrechen, Durchfall, Geschwüre in der Mundhöhle und an der Zunge. *Gegenmaßnahmen:* Augen und Maul mit Wasser ausspülen, dem Hund reichlich zu trinken geben und sofort den Service-Provider aufsuchen.

Frostschutzmittel: Hunde werden durch den süßen Geschmack von Frostschutzmittel angelockt. *Symptome:* Krämpfe, Taumeln, Erbrechen, Koma, Tod. *Gegenmaßnahmen:* Sind Sie absolut sicher, dass der Hund Frostschutzmittel verschluckt hat, bringen Sie ihn zum Erbrechen. Suchen Sie dann umgehend tierärztliche Hilfe. Aber selbst bei sofortiger Behandlung ist die Vergiftung oftmals tödlich.

Ratten- und Mäusegifte: Hunde können durch Fressen dieser Gifte erkranken und selbst durch das Vertilgen von Ratten oder Mäusen, die das Gift zuvor gefressen haben. *Symptome:* Krämpfe, Steifheit, Blutungen, Kollaps. Ein verbreiteter Wirkstoff in diesen Produkten ist Warfarin, das die Blutgerinnung hemmt. *Gegenmaßnahmen:* Die ideale Vorgehensweise hängt von dem im Gift enthaltenen Wirkstoff ab. Gehen Sie sofort zum Tierarzt, und nehmen Sie wenn möglich die Packung mit.

Terpentin: Hunde können eine Terpentinvergiftung bekommen, wenn Terpentin auf ihr Fell gelangt und sie versuchen es abzulecken. Zudem kann es direkt über die Haut aufgenommen werden. *Symptome:* entzündete oder gereizte Haut, Erbrechen, Durchfall, Schwanken, Koma. *Gegenmaßnahmen:* betroffenen Bereich sorgfältig waschen, dann umgehend den Tierarzt aufsuchen.

⚠ *ACHTUNG: Weihnachtssterne galten lange als giftig für Hunde, sind jedoch ungefährlich. Dagegen können Hunde durch das Fressen von Misteln, Stechpalme und Osterlilien schwer erkranken.*

Erbrechen herbeiführen

Das sofortige und vollständige Erbrechen ist wichtig, um die Giftwirkung im Körper des Hundes zu entfernen. Suchen Sie deshalb sofort Ihren Tierarzt auf. Er wird Ihrem Hund ein Medikament injizieren, das zuverlässig und kontrolliert das Erbrechen herbeiführt.

Traumata

Bei Hunden können zahlreiche schwere traumabedingte Funktionsstörungen auftreten. Die Ursachen sind vielfältig und reichen von turbulenten Wetterverhältnissen bis hin zu nicht autorisierten Begegnungen mit Automobilen. In solchen Situationen ist ein schnelles entschlossenes Handeln seitens des Users der erste Schritt zur vollständigen Genesung.

✚ **Augenprobleme:** eine fremde Flüssigkeit im Auge mit Wasser oder 0,9 %iger NaCl-Lösung (in jeder Apotheke erhältlich) auswaschen, dann den Tierarzt aufsuchen. Versuchen Sie aber niemals, Fremdkörper im Auge des Hundes (Splitter usw.) selbst zu entfernen. Bei praktisch jedem Augenproblem ist eine umgehende tierärztliche Untersuchung empfehlenswert.

✚ ☠ **Blockade der Atemwege:** Eine Blockade der Atemwege (Ersticken) kann durch eine Verletzung, einen Fremdkörper im Hals, ein starkes Anschwellen oder ein Zuschnüren des Halses (etwa durch ein Halsband) verursacht werden. Letzteres kann auch zu Lungenödemen (Ansammlung von Flüssigkeit in den Lungen) führen. Ist ein Erstickungsanfall nach wenigen Minuten nicht vorbei, konsultieren Sie Ihren Service-Provider. (Siehe auch »Maßnahmen bei Erstickungsgefahr«, Seite 188–189.)

✚ ☠ **Erfrierungen:** Nehmen Sie den Hund aus der Kälte, und wärmen Sie dann das betroffene Gewebe (meist an Pfoten und/oder Ohren) mit warmem Wasser (etwa 40 °C) auf. Reiben oder massieren Sie es aber nicht. Suchen Sie sofort tierärztliche Hilfe.

✚ ☠ **Hitzschlag:** Setzen Sie den Hund in kühles Wasser, oder legen Sie ein in kühles Wasser getauchtes Handtuch über ihn. Begeben Sie sich umgehend zu Ihrem Service-Provider.

✚ **Hundebiss:** Hundebisse sollten stets vom Tierarzt untersucht werden, da sie schlimmer sein können, als sie zunächst aussehen. Selbst kleine Bisse haben mitunter schwere Infektionen zur Folge (sie werden erst nach 24 Stunden offenbar). Die Wunde kann zunächst behutsam mit warmem Wasser und 1%iger H_2O_2-Lösung (Wasserstoffperoxid) gereinigt werden. Vorsicht, dass der Hund dabei nicht *Sie* beißt.

✚ **Knochenbruch:** Halten Sie den Hund ruhig. Schienen Sie den Bruch nicht. Sollte der Knochen die Haut durchstoßen haben (offener Bruch), bedecken Sie die Wunde mit einem Verband oder sauberen Tuch. Binden Sie dem Hund die Schnauze zu (siehe Seite 187), damit er sich nicht versehentlich weiter verletzt. Suchen Sie umgehend den Tierarzt auf.

✚ ☠ **Magendrehung:** Wenig verstandenes Leiden, das meist bei großen Rassen mit tiefem Thorax (= Brustkorb, z. B. Dobermann, Deutsche Dogge) auftritt und offenbar durch zu rasches Fressen großer Mengen Trockenfutter verursacht wird. Zu den Symptomen gehören der vergebliche Versuch zu erbrechen, starkes Unbehagen und ein aufgeblähter Leib. Gehen Sie sofort zum Tierarzt. Die Erkrankung ist extrem gefährlich und erfordert meist eine Notoperation. Unbehandelt verläuft sie tödlich.

✚ ☠ **Schlangenbiss:** Binden Sie keine Blutgefäße ab. Versuchen Sie nicht, das Gift aus der Wunde zu saugen. Halten Sie den Hund möglichst ruhig, damit sich das Gift langsamer im Körper verteilt. Begeben Sie sich umgehend zum Service-Provider. Gehen Sie mit dem Hund vorsichtig um – Schlangenbisse sind sehr schmerzhaft.

✚ ☠ **Schwere Verletzung und/oder VAA (von Auto angefahren):** Binden Sie dem Hund die Schnauze zu, damit er Sie nicht verletzt (siehe Seite 187). Auf blutende Brustwunden legen Sie ggf. ein sauberes Tuch und drücken dann darauf. Bei schwerer Atmung überprüfen Sie das Maul auf Fremdkörper. Heben Sie den Hund auf einer Decke oder einem Brett ins Auto und begeben Sie sich sofort zum Tierarzt.

✚ ☠ **Stark blutende Wunde:** Legen Sie ein sauberes Handtuch auf die Wunde, und üben Sie dann direkten Druck aus. Versuchen Sie aber niemals, Blutgefäße abzuklemmen. Suchen Sie umgehend tierärztliche Hilfe.

Viren im System

Es gibt verschiedene innere und äußere Parasiten, die in die verschiedenen Systemkreisläufe Ihres Hundes eindringen und von akuten Beschwerden bis hin zu einem kompletten Systemausfall zahlreiche Störungen verursachen können. Die meisten dieser Probleme lassen sich jedoch durch sorgfältige Wartung und eine Intervention seitens des Service-Providers abstellen oder von vornherein vermeiden.

Innere Parasiten

✚ ☠ **Bandwürmer:** Die Eier dieser Parasiten werden am häufigsten durch Flöhe, Kot und rohes Fleisch übertragen. Es gibt verschiedene Arten, von denen einige dem Hund keinen bleibenden Schaden zufügen, aber alle sollten durch Entwurmung schnell vernichtet werden. Die Eier mancher Arten können auf den Menschen übertragen werden und lebensbedrohliche Zysten verursachen.

✚ **Fadenwürmer:** Darmparasiten, die vor allem Welpen unter drei Monaten befallen. Ausgewachsene Hunde können dagegen eine Immunität entwickeln, so dass aus den Eiern keine erwachsenen Würmer entstehen. Aber die Eier verbleiben weiterhin in ihrem Körper und können die nächste Ge-

INNERE PARASITEN

1. **Gardien:** leben im Darm.
2. **Bandwürmer:** finden sich im Darm.
3. **Peitschenwürmer:** durchdringen den Dünndarm und wandern in den Dickdarm.
4. **Hakenwürmer:** leben im Dünndarm.
5. **Herzwürmer:** befallen die rechte Herzkammer.
6. **Fadenwürmer:** finden sich im Dünndarm.
7. **Der Tierarzt kann Medikamente verschreiben, um diesen Parasiten vorzubeugen oder sie zu beseitigen.**

neration infizieren. Entwurmungsmittel für Welpen zerstören die Eier, und herkömmliche Herzwurmmittel verhindern Infektionen. Fadenwürmer können auch auf Menschen übertragen werden.

✚ **Gardien:** verursachen vor allem bei Welpen eine leichte Darmentzündung und chronischen Durchfall. Befall ist auch bei Menschen möglich (sie leiden unter den gleichen Symptomen), doch bisher weiß man nicht, ob es sich um die gleiche Art des Parasiten handelt. Vom Tierarzt verabreichte Medikamente beseitigen das Problem.

✚ **Hakenwürmer:** kleine, blutsaugende Parasiten, die sich an die Dünndarmwand heften. Symptome sind Durchfall, Schwäche und Anämie. Die Parasiten können durch Entwurmung beseitigt werden. Vorbeugung ist durch die meisten Herzwurmmittel möglich.

✚ ☠ **Herzwürmer:** von Mücken übertragene Parasiten mit bis zu 30 cm Länge. Sie setzen sich in der rechten Herzkammer fest und richten sowohl im Herzen als auch in den Lungen schweren Schaden an. Unbehandelt führen sie zum Tod. Ihr Tierarzt kann ein vorbeugendes Mittel verabreichen, das möglicherweise auch gegen Hakenwürmer, Fadenwürmer und Peitschenwürmer wirkt.

✚ **Peitschenwürmer:** dringen als Larven in den Dünndarm ein und wandern dann in den Dickdarm, wo sie zu erwachsenen Tieren heranreifen. Symptome sind Durchfall, Gewichtsverlust und blutiger Stuhl. Können durch Entwurmung eliminiert werden. Vorbeugung ist durch viele Herzwurmmittel möglich.

Äußere Parasiten

✚ **Stechende Fliegen/Kopfschüttelhaltung oder Ohrenschlagen:** Stechende Fliegen und Stechmücken sind ein größeres Problem als gemeinhin angenommen, vor allem bei im Freien lebenden Hunden. Das so genannte »Fly-strike« (Ohrenschlagen) tritt auf, wenn große Mengen stechender Fliegen die Ränder der Hundeohren befallen und dadurch wunde Stellen, Schorf und Entzündungen entstehen. Betroffene Bereiche sollten sorgfältig mit warmem Wasser gereinigt werden. In fortgeschrittenen Fällen kann tierärztliche Behandlung notwendig sein. Zur Vorbeugung sollte man täglich ein Abwehrmittel gegen Fliegen auftragen. Noch besser wird der Hund jedoch im Haus untergebracht.

✚ **Flöhe:** Meist sind diese blutsaugenden Parasiten nur unangenehm. Bei Welpen und stark befallenen erwachsenen Tieren können sie jedoch zu lebensbedrohlichem Blutverlust führen. Geringer bis mittelstarker Befall kann durch spezielle Shampoos und Medikamente beseitigt werden. (Fragen Sie Ihren Tierarzt.) Mitunter verursachen Flöhe allergische Reaktionen und/oder Anämie oder übertragen Krankheiten.

⚠ *ACHTUNG: Verwenden Sie für Katzen nie zur äußerlichen Behandlung von Hunden bestimmte Flohmittel. Sie sind für Katzen extrem giftig.*

✚ **Läuse:** können einen Hund zu Tausenden befallen und schweren Juckreiz verursachen. Hier muss der Tierarzt eingreifen.

✚ **Milben:** Diese Parasiten sind für Räude verantwortlich. Die Demodex-Räude (Demodikose) lässt kleine kahle, gereizte Stellen im Fell des Hundes entstehen. Die Sarcoptes-Räude verursacht starken Juckreiz und Haarausfall. Die Milben können auch in die Ohren eindringen, wo sie großes Unbehagen verursachen und unweigerlich Bakterieninfektionen auslösen. Milben sollten möglichst rasch vom Tierarzt behandelt werden.

ÄUSSERE PARASITEN: Diese Parasiten können Ihren Hund befallen

1. **Flöhe:** meist nur unangenehm, bei Welpen aber mitunter tödlich
2. **Stechende Fliegen:** Stiche können Infektionen auslösen
3. **Läuse:** verursachen schweren Juckreiz
4. **Milben:** können zu Räude führen
5. **Zecken:** können Borreliose übertragen
6. **gegen Flöhe spezielle Shampoos und Medikamente einsetzen**
7. **bei Fliegen, Läusen und Milben den Tierarzt aufsuchen**
8. **Zecken mit Pinzette entfernen und in Alkohol ertränken**

und akutes Unbehagen verursachen.

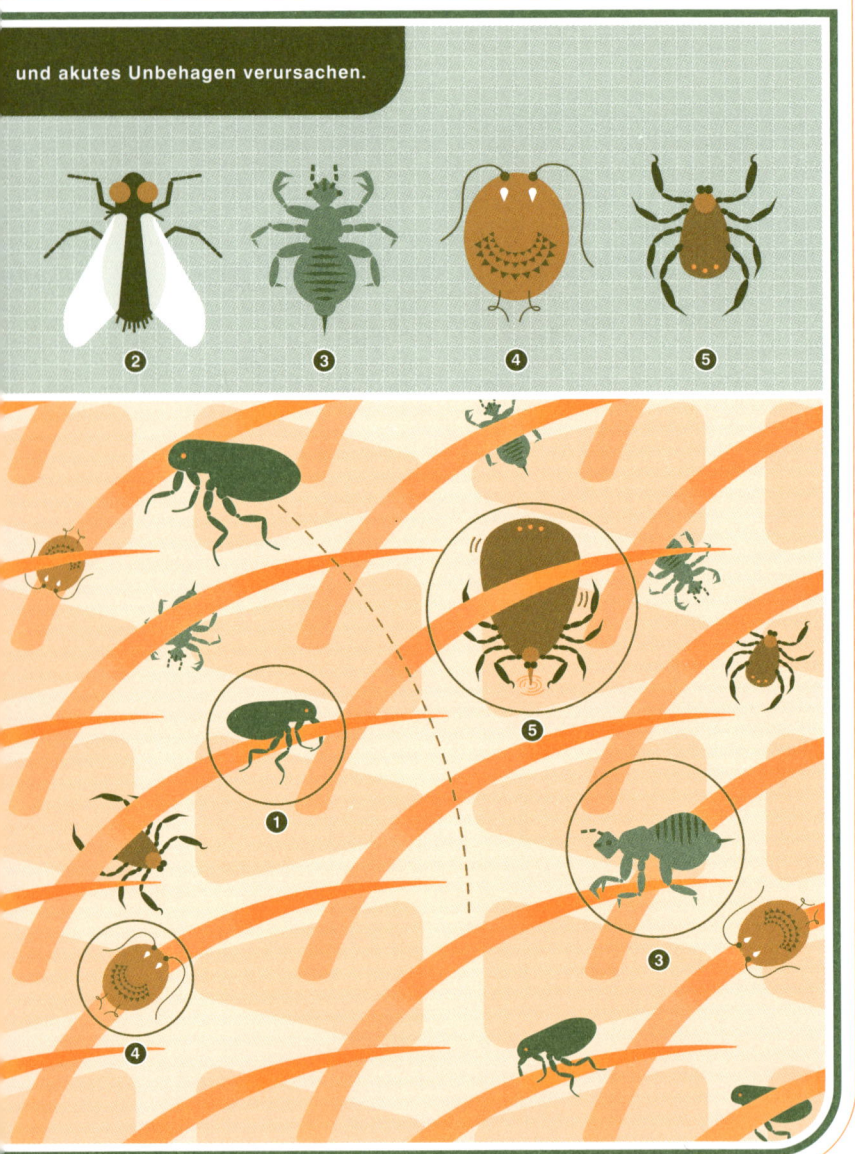

✚ **Zecken:** Zecken werden mit einer speziellen Pinzette entfernt und in Alkohol ertränkt. Suchen Sie den Hund nach Spaziergängen am besten regelmäßig nach Zecken ab. Zecken können Krankheiten wie Borreliose übertragen (siehe Seite 170), und zwar nicht nur auf Hunde, sondern auch auf Menschen.

Verhaltensstörungen

Funktionsstörungen können nicht nur bei der Hardware auftreten. Bei manchen Hunden kommen auch Softwarefehler vor, die von Spezialisten behoben werden müssen. Hier einige der häufigsten Probleme:

Phobien: Wie Menschen können auch Hunde eine extreme Form irrationaler Angst vor alltäglichen Dingen und Sinnesreizen entwickeln, vor dem Geruch eines bestimmten Futters über offenes Feuer bis hin zu Staubsaugern. Am verbreitetsten ist die Furcht vor Donner und anderen lauten Geräuschen. Zwar haben fast alle Hunde bis zu einem gewissen Maß Angst vor Lärm, doch manche geraten dermaßen in Panik, dass sie beim Versuch zu fliehen selbst durch geschlossene Fenster springen. In solch extremen Fällen sind ein Tierpsychologe und viel Geduld notwendig, um das Problem in den Griff zu bekommen.

Trennungsangst: Hunde wollen softwarebedingt in Gemeinschaft leben, und wenn sie lange Zeit allein sein müssen, bedeutet dies für sie in gewissem Maß immer Stress. Bei einigen Hunden nimmt dieses Unbehagen jedoch phobische Züge an, und dann demolieren sie, wenn sie allein gelassen werden, das Haus ihres Users. Trennungsangst kann auch andere Probleme auslösen wie etwa zwangsneurotische Verhaltensweisen. Fragen Sie Ihren Tierarzt und/oder einen Tierpsychologen nach Behandlungsmöglichkeiten.

Wutsyndrom: Anfall, der Epilepsie ähnelt, nur krampft der Hund nicht, sondern zeigt unkontrollierte Aggressionen. Diesen ererbten Defekt findet man häufig bei schlecht gezüchteten Hunden, und in den meisten Fällen ist er nicht behandelbar. Zur Vermeidung des Problems (das gelegentlich bei Modellen wie Springer Spaniel und Cocker Spaniel auftritt) sollte man seinen Hund nur von einem VDH-anerkannten Züchter (VDH = Verband des Deutschen Hundewesens) oder einem anderen zuverlässigen Lieferanten beziehen.

Zwangsneurotische Verhaltensweisen: Zwanghaftes Verhalten zeigt sich bei Hunden oft auf die gleiche Art und Weise wie bei Menschen. Betroffene Tiere wiederholen permanent Aktionen (z. B. die Pfoten lecken, den Schwanz jagen, an Zäunen entlanglaufen), die offenbar keine nützliche Funktion haben oder sogar schädlich sein können. In manchen Fällen liegt die Ursache in Trennungsangst, Langeweile oder anderen Stressfaktoren. Die Behandlung durch einen Tiertherapeuten kann hilfreich sein. Zudem sprechen neuere Forschungen dafür, dass einige Antidepressiva, die in der Humanmedizin angewendet werden, auch bei Hunden entsprechende Symptome lindern können. Konsultieren Sie vor einer Verabreichung jedoch in jedem Fall Ihren Service-Provider.

Notfalltransport

Sollten Sie einen schwer verletzten Hund transportieren müssen, wenden Sie folgende Maßnahmen an, die zur Sicherheit von Hund und Besitzer beitragen:

[1] Bewahren Sie Ruhe. Sollte der verletzte Hund z. B. angefahren worden sein, vergewissern Sie sich, dass die Straße frei ist, ehe Sie ihm zu Hilfe kommen.

[2] Nähern Sie sich dem verletzten Hund langsam. Wenn er knurrt, die Zähne fletscht oder andere Anzeichen von Angst und/oder Aggression zeigt, ist Vorsicht geboten. Selbst das treueste Tier kann bei starken Schmerzen ausrasten.

[3] Scheint der Hund erregt, legen Sie ihm einen Maulkorb an, oder binden Sie ihm das Maul z. B. mit Stoff oder einem Strumpf zu, den Sie im Nacken verknoten (Abb. A). Ein über den Kopf des Hundes gelegtes Handtuch kann ebenfalls zu seiner Beruhigung beitragen.

[4] Blutet der Hund stark, legen Sie eine Bandage oder ein sauberes Tuch auf die Wunde und drücken dann darauf.

[5] Tragen Sie den Hund auf einem Brett, einer Decke, einer Plane oder etwas Ähnlichem zum Auto (Abb. B). Heben Sie den Hund vorsichtig hinein (meist sind dazu zwei Personen notwendig). Kleine Hunde können in einer Kiste oder Box transportiert werden.

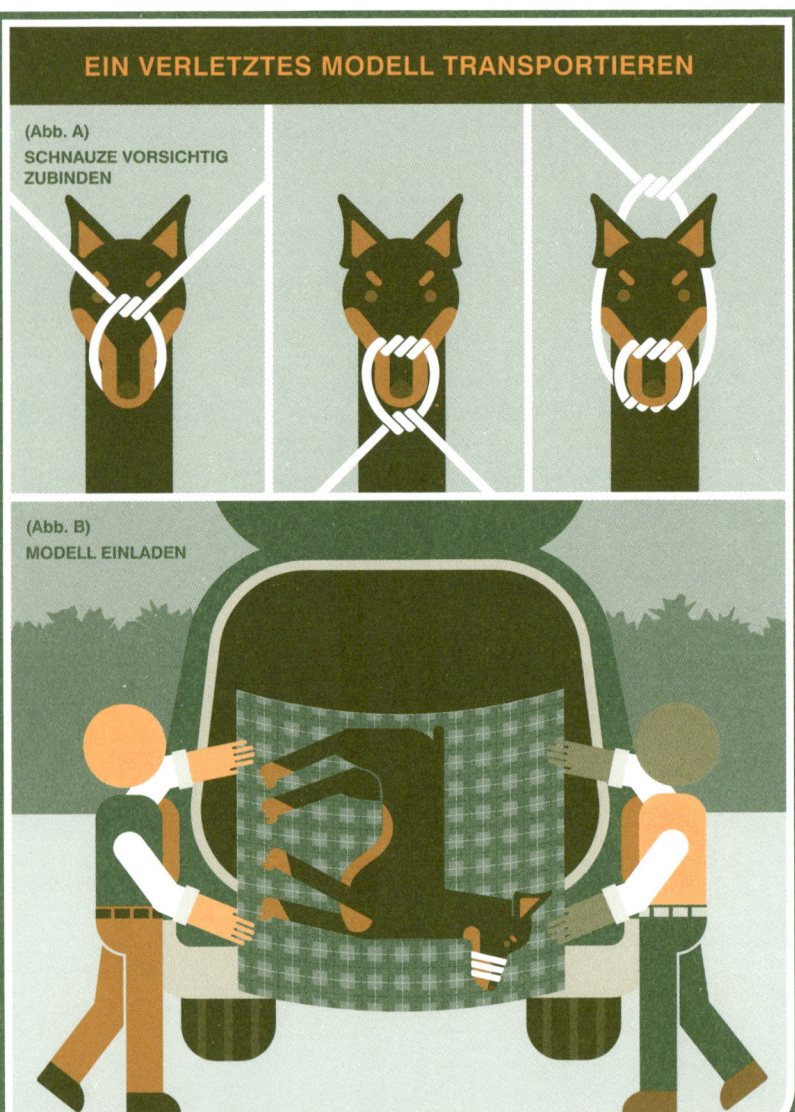

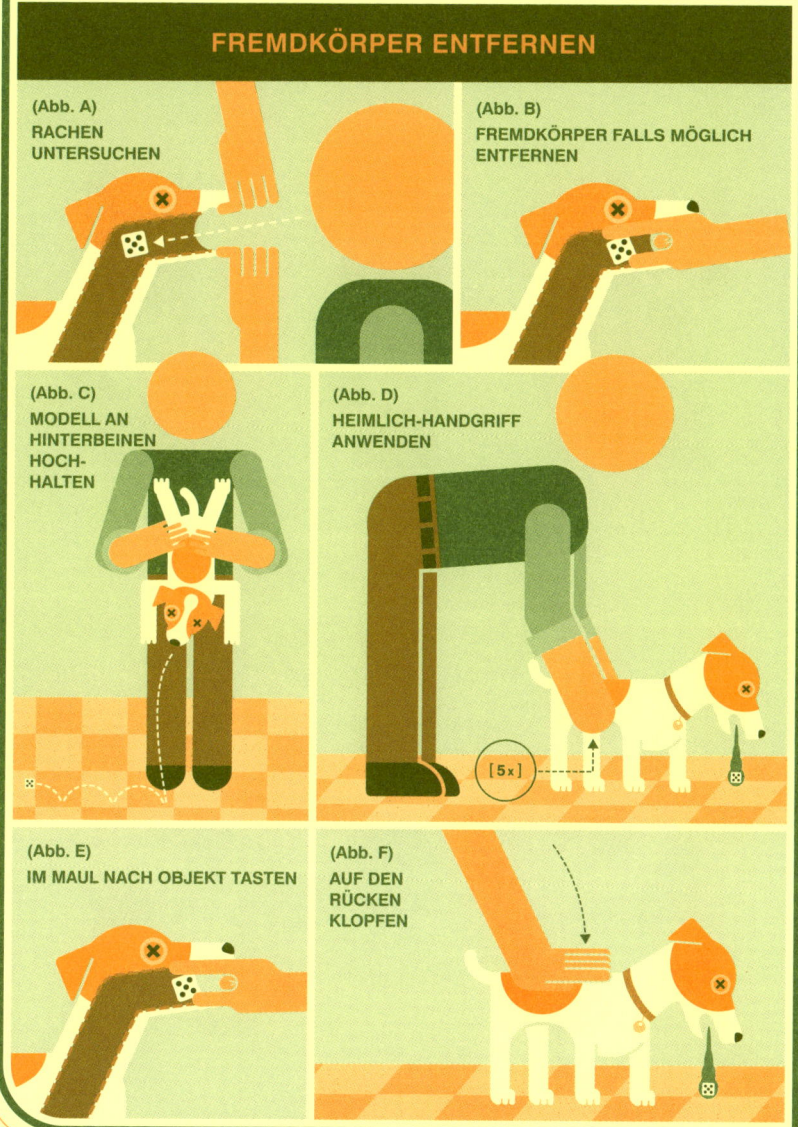

Maßnahmen bei Erstickungsgefahr

Sollte der Hund zu ersticken drohen oder Schwierigkeiten beim Atmen haben, steckt möglicherweise ein Fremdkörper in seinem Hals. Mit folgenden Maßnahmen lässt sich das Problem beheben:

[1] Öffnen Sie das Maul des Hundes, und schauen Sie in den Rachen (Abb. A). Sollte der Fremdkörper zu sehen sein, entfernen Sie ihn (Abb. B). Ist der Hund ohnmächtig, ziehen Sie seine Zunge vor. So können Sie besser sehen und das Objekt vielleicht lockern.

 ACHTUNG: Selbst ein bewusstloser Hund kann instinktiv zubeißen.

[2] Einen kleinen Hund heben Sie nun an den Hinterbeinen hoch, so dass er kopfüber herabhängt (Abb. C). Bei einem größeren Hund heben Sie die Hinterbeine hoch, so dass sein Kopf abwärts gerichtet ist. Sollte das Objekt auch jetzt noch nicht herausfallen, müssen Sie den Heimlich-Handgriff anwenden.

[3] Umfassen Sie dazu den stehenden oder liegenden Hund mit beiden Armen von hinten, die Hände vor seinem Bauch direkt unterhalb der letzten Rippen zu Fäusten geballt.

[4] Drücken Sie den Bauch fünfmal schnell und fest mit der Faust zusammen (Abb. D).

[5] Untersuchen Sie mit dem Finger das Maul des Hundes, um festzustellen, ob sich der Fremdkörper gelöst hat (Abb. E).

[6] Wenn nicht, klopfen Sie dem Hund mit der flachen Hand kräftig zwischen die Schulterblätter (Abb. F) und drücken dann wieder den Bauch zusammen. Wiederholen Sie dies, bis sich das Objekt gelöst hat.

[Appendix]

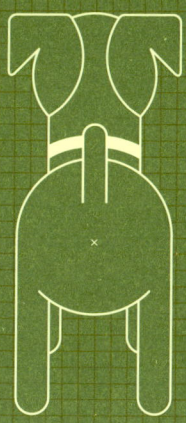

Fehlersuche

Für einen ersten und einfachen Überblick enthält dieser Teil des Buches Antworten auf häufig gestellte Fragen zu Verhaltensweisen, Funktionsstörungen und Eigenarten des Hundes. Sollten bei Ihrem Modell Probleme auftreten, sehen Sie zuerst hier nach.

FUNKTIONSSTÖRUNG	URSACHE UND PROBLEMLÖSUNG
Der Hund hat unerlaubt unverdauliches Objekt verspeist.	Ist das Objekt verhältnismäßig klein (etwa so groß wie eine Murmel), untersuchen Sie während der nächsten Tage den Stuhl des Hundes, um zu prüfen, ob es wieder abgegangen ist. Wenn nicht, kontaktieren Sie Ihren Tierarzt. Möglicherweise ist eine Röntgenaufnahme notwendig. Könnte das Objekt innere Verletzungen verursachen (etwa durch scharfe Kanten, giftige Substanzen, Größe), suchen Sie umgehend Ihren Service-Provider auf. Vielleicht muss es in einer Notoperation entfernt werden. ⚠ *ACHTUNG: Hat Ihr Hund Schnur, Lametta oder Ähnliches gefressen und hängt der Fremdkörper aus seinem After heraus, versuchen Sie nicht ihn herauszuziehen, denn es besteht Verletzungsgefahr. Gehen Sie sofort zum Tierarzt.*
Der Hund verabscheut Männer mit Hüten, kleine Mädchen in Kleidern, Frauen mit hohen Stimmen oder andere seltsame Teilmengen der menschlichen Rasse.	Bei einigen Hunden ist Angst genetisch bedingt. Andere erwerben sie durch eine traumatische Erfahrung in früher Kindheit. Hat z. B. ein Welpe eine beängstigende Begegnung mit einem Mann mit Hut, kann sich dieses Erlebnis so tief in ihm einprägen, dass er fortan alle Männer mit Hüten fürchtet und hasst. Die Reaktion kann auch allgemeinerer Natur sein. Vielleicht verabscheut der Hund alle Männer. Meist kann man das Problem dadurch beheben, dass man den Hund allmählich an das Objekt der Furcht gewöhnt. Da diese Prozedur mitunter mühsam ist, fragen Sie zuerst einen Hundetrainer, Tierarzt oder Tierpsychologen um Rat.

FUNKTIONSSTÖRUNG	URSACHE UND PROBLEMLÖSUNG
Der Hund zerstört, wenn er allein gelassen wird, Mobiliar oder andere Haushaltsgegenstände.	Dieses verbreitete (aber teure) Problem kann verschiedene Ursachen haben. Vielleicht leidet der Hund unter starker Trennungsangst und reagiert sich an der Einrichtung ab. Vielleicht frustrieren ihn Hindernisse, und er attackiert Türen und/oder Fenster, weil er hinaus will. Oder ihm ist schlichtweg langweilig. In diesem Fall richtet sich seine Zerstörungswut nicht gegen ein bestimmtes Objekt. Montags demoliert er vielleicht einen Sessel und dienstags ein Bein des Klaviers. Leichte Trennungsangst lässt sich manchmal durch mehr Bewegung beheben (ein müder Hund ist friedlicher) oder durch interessante Spielsachen. Mitunter nimmt die Angst aber phobische Züge an, die vielleicht Medikamente und/oder die Intervention eines Tierpsychologen notwendig machen.
Der Hund gerät bei Gewittern in Panik.	Der erste Schritt zur Beseitigung dieses häufig auftretenden Problems besteht darin, mit dem Hund aufmunternd und verständnisvoll zu sprechen. Ihr Tonfall vermittelt ihm, dass er nichts zu befürchten hat. Lenken Sie den Hund ab, indem Sie mit ihm spielen oder ihm einen Leckerbissen geben. Manchmal hilft dies, manchmal muss ein Tierpsychologe hinzugezogen werden (im Extremfall kann der Hund aus Angst Möbel demolieren oder sich erbrechen).
Hund bellt immer, wenn jemand telefoniert.	Ursache dieses verbreiteten Verhaltens ist meist ein einfaches Missverständnis. Der Hund begreift nicht, dass die Person am Telefon mit einer anderen spricht. Da sonst niemand im Zimmer ist, denkt der Hund, man spricht mit ihm – und antwortet.

FUNKTIONSSTÖRUNG	URSACHE UND PROBLEMLÖSUNG
Der Hund kann den Postboten nicht leiden und empfängt ihn mit wütendem Gebell.	Hunde mit stark ausgeprägtem Revierverhalten scheinen Postboten mit besonderer Inbrunst zu hassen, was daran liegt, dass diese jeden Tag etwa um die gleiche Zeit an die Haustür kommen und mitunter Dinge durch einen Schlitz werfen. Dadurch wird das Revierverteidigungs-Programm des Hundes aufgerufen. Schlimmer noch: Nachdem der Hund zu bellen begonnen hat, geht der Postbote wieder, was das Tier glauben lässt, es habe den Eindringling vertrieben. Was Menschen also als sinnlose Aggression erscheint, kann vom Standpunkt des Hundes aus durchaus logisch sein.
Der Welpe bellt unablässig, wenn er in seine Box gesperrt wird.	Stellen Sie zunächst sicher, dass der Welpe vorher genug Bewegung erhält, sein Schlaflager bequem ist und ihm wenigstens ein Kauspielzeug zur Verfügung steht. Dann müssen Sie etwas tun, was viele User als hart empfinden – ignorieren Sie das Bellen. Es ist ganz natürlich, dass ein allein gelassener Welpe ruft, und er braucht eine Weile, um zu lernen, dass dies nicht in Ordnung ist. Wenn Sie gleich reagieren und zu ihm gehen, lernt er, dass ihm sein Bellen Zuwendung einbringt. Wenn Sie erst nach einer Weile zu ihm gehen, bringen Sie ihm bei, dass anhaltendes gnadenloses Bellen zum Erfolg führt. Warten Sie also, bis der Welpe aufhört zu bellen.
Der Hund ist Fremden und/oder anderen Hunden gegenüber extrem scheu.	Einige Hunde sind von Natur aus scheu, andere werden es durch schlechte Erfahrungen in der Kindheit. Um dieses Verhalten zu ändern, kann man behutsam Begegnungen mit Fremden (Leuten, die dem Hund fremd sind, aber natürlich nicht dem Besitzer) arrangieren. Die Besucher sollten sehr freundlich sein und nicht bedrohlich wirken. Der Hund sollte Leckerbissen bekommen und bei dem kleinsten Anzeichen von Selbstvertrauen gelobt werden. Wiederholte Erfahrungen dieser Art vermitteln dem Hund, dass er vor Begegnungen mit fremden Menschen und Tieren keine – oder nicht so viel – Angst haben muss.

FUNKTIONSSTÖRUNG	URSACHE UND PROBLEMLÖSUNG
Der Hund ist anderen Hunden gegenüber sehr aggressiv.	Manche Rassen haben eine genetische Veranlagung zu aggressivem Verhalten. So kommen Schutzhunde meist nicht gut mit anderen Hunden aus, und Terrier sind bekannt für ihre fehlende soziale Kompetenz. Hier trägt der User die Verantwortung dafür, dass der Hund durch Anleinen und sorgfältige Erziehung auch bei Begegnungen mit anderen Hunden unter Kontrolle bleibt. Wird der Hund nur aggressiv, wenn andere Hunde seinem Heim nahe kommen oder in seinen Garten eindringen, kann die Ursache für seine Streitlust ein stark ausgeprägtes Revierverhalten sein. Auf neutralem Boden hat er vielleicht keine Probleme mit Artgenossen.
Der Hund gräbt den Garten um.	Verbreitetes Problem bei gelangweilten, im Freien lebenden Modellen. Das sich aber einfach dadurch beheben lässt, dass man das Tier zu einem im Haus lebenden Hund macht. Oder Sie weisen ihm einen speziellen Bereich des Gartens zu, wo er graben darf. Verteilen Sie dort Spielzeugsachen und Leckerbissen, und loben Sie den Hund ausdrücklich, wenn er zu graben beginnt. Wollen Sie das Graben ganz unterbinden, sammeln Sie im Garten Kothaufen ein, die Sie in vom Hund gebuddelte Löcher legen und mit etwas Erde bedecken. Wenn der Hund seine Aushubarbeiten wieder aufnimmt, wird dies für ihn eine unangenehme Überraschung sein und vielleicht eine Verhaltensänderung bewirken. Man sollte dann aber stets darauf achten, dass der Hund nicht irgendwann wieder mit dem Graben beginnt. Besonders ausgeprägt ist dieses Verhalten bei Terriern, die zum Ausgraben kleiner Beutetiere aus Erdbauen gezüchtet wurden. (Terrier bedeutet wörtlich übersetzt »Erdhund«.)

FUNKTIONSSTÖRUNG	URSACHE UND PROBLEMLÖSUNG
Der Hund wischt sich nach den Mahlzeiten die Schnauze am Teppich ab.	Dieses Verhalten ist ein weiteres Überbleibsel aus dem ursprünglichen Betriebssystem des Wolfes. Nach dem Fressen reiben Wölfe stets ihre Gesichter am Boden, um sie von Blut und Eingeweideresten zu befreien. Haushunde haben diese Gewohnheit beibehalten, obwohl ihre Mahlzeiten dies eigentlich nicht mehr erfordern.
Der Hund springt an User, Familienmitgliedern und/ oder Besuchern empor.	In den meisten Fällen ist dies nur eine überschwängliche Begrüßung. Sie dürfen den Hund deshalb weder ausschimpfen noch mit dem Knie gegen die Brust treten. Ignorieren Sie sein Verhalten. Reagieren Sie weder positiv noch negativ. Entfernen Sie sich einfach, damit der Hund nicht fortfahren kann. Meist gibt er weitere Versuche dann auf. Oder befehlen Sie ihm »Sitz!«, wenn er hochspringen will.
Der Hund begrüßt Besucher mit einem seltsamen Gesichtsausdruck, der an Knurren erinnert.	Die meisten Hunde können »lächeln« – was gleichzeitig eine Begrüßung und eine Geste der Unterwürfigkeit bedeutet. Mitunter übertreiben es sehr erregte Hunde mit ihrer Begrüßung. Sie zeigen dann einen furchterregenden Gesichtsausdruck und gefletschte Zähne, was jemandem, der dies nicht deuten kann, vielleicht Angst einjagt. ⚠️ **ACHTUNG:** *Begegnen Sie einem fremden Hund mit diesem Ausdruck, gehen Sie zunächst nicht davon aus, dass er gutartig ist.*
Der Hund bespringt Menschen und Objekte.	In vielen Fällen wird damit Dominanz demonstriert, nicht unbedingt aus sexuellen Motiven. Sollte Ihr Hund dieses Verhalten an den Tag legen, schieben Sie ihn sofort weg. Junge Hunde – männliche wie weibliche Modelle – bespringen mitunter Objekte, um sexuelle Frustrationen abzubauen.

FUNKTIONSSTÖRUNG	URSACHE UND PROBLEMLÖSUNG
Der Hund versucht, Autos, Jogger, Radfahrer und andere sich rasch bewegende Objekte zu jagen.	Der Anblick dieser Dinge aktiviert Überbleibsel des Wolfprogramms für die Beutejagd. Am besten begegnet man diesem Verhalten, indem man den Hund im Haus, in einem umzäunten Garten oder an der Leine hält. Alle Hunde tragen dieses Programmfragment in sich, doch bei einigen Modellen lässt es sich praktisch nicht deaktivieren. Greyhounds und Cairn Terrier zum Beispiel sind so versessen auf die Jagd, dass man sie in der Öffentlichkeit stets an der Leine führen muss.
	EXPERTENTIPP: Sollten Sie je selbst von einem Hund gejagt werden, bleiben Sie am besten stehen, und sehen Sie ihn direkt an. Die meisten Hunde werden von ihrem Jagdtrieb schlichtweg überwältigt, aber durch Abstellen des Reizes wird er automatisch wieder deaktiviert.
Der Hund frisst Gras.	Dies ist völlig normal. Hunde brauchen offenbar die im Gras enthaltenen Ballaststoffe, auch wenn sie nur wenig Nährwert enthalten. Manchmal fressen Hunde, denen übel ist, große Mengen Gras, um erbrechen zu können.
Hund frisst seinen eigenen Kot.	Dieses Verhalten findet man am häufigsten bei Welpen und auf Diät gesetzten Hunden. Möglicherweise versuchen sie so, zusätzliche Nährstoffe und Kalorien aus unverdauten Substanzen im Stuhl zu erhalten. Um dies zu verhindern, kann man Kothaufen im Garten mit scharfem Tabasco beträufeln – am besten im Schutz der Dunkelheit, um neugierigen Fragen von Nachbarn zu entgehen.

FUNKTIONSSTÖRUNG	URSACHE UND PROBLEMLÖSUNG
Der Hund zieht sein Heck über den Boden.	Meist durch eine Reizung des Rektalbereiches bedingt, oft verursacht durch Probleme an den Analdrüsen. (Siehe »Wartung der Oberfläche«, Seite 120–135.) Auch Hautallergien und gelegentlich Bandwürmer können Ursache für dieses Verhalten sein.
Hund sabbert stark.	Obwohl in Rassehunderatgebern selten darauf hingewiesen wird, sabbern zahlreiche Modelle. Bekannt für ihren Speichelfluss sind vor allem Bernhardiner und Mastiffs. Nach anstrengender Bewegung ist der Speichelfluss oft besonders stark. Leider lässt er sich nicht abstellen, aber manche User nehmen Küchenpapier mit, damit ihre Modelle auf langen Spaziergängen präsentabel bleiben.
	⚠ *ACHTUNG: Wenn ein Hund, der gewöhnlich nicht sabbert, plötzlich damit beginnt, sollte man den Tierarzt kontaktieren. Es könnte ein Hinweis auf Zahnprobleme, eine Erkrankung oder eine Vergiftung sein.*
Der Hund uriniert beim Begrüßen von Besuchern und selbst engsten Familienmitgliedern.	Der Download einer geringen (oder größeren) Menge Urin ist bei Hunden eine Geste der Unterwürfigkeit. Zudem können Hunde mit schwachen Blasen, die (wenn Besuch kommt) stark erregt sind, die Kontrolle über ihr Ausscheidungsorgan verlieren. Liegt kein medizinisches Problem vor, sorgt man am besten dafür, dass der Hund sich nicht aufregt. Verzichten Sie z. B. bei der Heimkehr von der Arbeit darauf, den Hund heftig zu liebkosen und irgendwelches Theater um ihn zu machen. Begrüßen Sie ihn kurz, und geben Sie ihm dann Zeit, sich an die neue Situation zu gewöhnen, ehe Sie sich intensiver mit ihm beschäftigen. Instruieren Sie Besucher, sich ebenso zu verhalten.

FUNKTIONSSTÖRUNG	URSACHE UND PROBLEMLÖSUNG
Hund hebt beim Harnlassen das Bein.	Dieses verbreitete Verhalten verwirrt unerfahrene Hundebesitzer mitunter. Rüden beginnen oft mit Erreichen der Geschlechtsreife, die Grenzen ihres Reviers mit Urin zu markieren. (Siehe auch »Sauberkeitstraining«, Seite 84–85.) Da sie für andere Hunde möglichst groß und furchterregend erscheinen wollen, heben sie das Bein, um den Urin möglichst hoch zu platzieren. Je höher die Markierung, je größer der Hund – das zumindest will ihr Verursacher anderen glauben machen. Bei manchen vor der Geschlechtsreife kastrierten Rüden ist dieses Verhalten nie zu beobachten.
Der Hund ist erwachsen und eigentlich stubenrein, beginnt aber im Haus zu urinieren.	Gesunde Hunde, vor allem Rüden, markieren die Grenzen ihres Reviers mit Urin. Leider tun sie dies manchmal auch im Haus. Ist eine Stelle einmal markiert, können sie, geleitet und stimuliert vom Geruch früherer Besuche, immer wieder zu ihr zurückkehren. Hier hilft nur ein spezieller Geruchsentferner (im Zoofachhandel erhältlich). Sollte Ihr Hund nicht kastriert sein, lassen Sie Ihren Service-Provider umgehend die entsprechenden notwendigen Maßnahmen ergreifen. Dann behalten Sie den Hund bei seinen Runden durch das Haus im Auge. Sollten Sie ihn bei dem Versuch ertappen, an seinen Lieblingsplatz zu urinieren, bringen Sie ihn sofort nach draußen, und zwar immer wieder, bis er die neuen Regeln begreift.

⚠ *ACHTUNG: Harnlassen im Haus kann auch Symptom einer Erkrankung sein. Siehe Seite 171.* |

FUNKTIONSSTÖRUNG	URSACHE UND PROBLEMLÖSUNG
Der Hund hat ein stumpfes Fell.	Zunächst muss abgeklärt werden, ob ein medizinisches Problem vorliegt. Wenn nicht, kann eine falsche Ernährung die Ursache sein. Insbesondere Kraftstoff, der selbst hergestellt wird, können Vitamine, Mineralstoffe und/oder essentielle Fettsäuren fehlen. Möglicherweise löst die Umstellung auf ein leichter verdauliches, hochwertigeres Futter das Problem.
Der Hund gibt über einen Zeitraum von 30–60 Sekunden alarmierende Röchel-/Schnarchlaute von sich.	Dieses Phänomen erinnert an eine Art »geräuschvolles Lufteinziehen«. Der Hund atmet dabei aufgrund einer Reizung der Luftröhre mehrmals rasch und krampfartig ein. In schweren Fällen können Medikamente gegeben werden. Meist ist das Problem aber nicht gefährlicher als ein Niesanfall und tritt bei trockener Raumluft häufiger auf.
Hund interessiert sich weder für Sie noch für Ihre Familie, weigert sich, nützliche Aufgaben zu erfüllen und ist suboptimal intelligent.	Konsultieren Sie Ihren Service-Provider. Möglicherweise haben Sie versehentlich eine Katze angeschafft.

Technische Unterstützung/ Wichtige Adressen

Die folgenden Institutionen bieten Hundebesitzern wertvolle Informationen und/oder Dienste an:

www.tierarzt.org: Tierarztdatenbank, die Tierärzte in Deutschland, Österreich und der Schweiz verzeichnet. Natürlich ohne Anspruch auf Vollständigkeit.

www.vetcontact.com/de: Wer sich echtes Fachwissen aneignen möchte, besucht die internationale Website der Tierärzte.

www.zooplus.de: Hier kann man Tierfutter beziehen, günstig und gut – und nicht nur die üblichen Supermarktsorten! Außerdem viel besuchte Website bei medizinischen Fragen (kostenlose Tierarzt-Sprechstunde per E-Mail für zooplus-Kunden).

www.hunde.yellopet.de: umfangreiche Suchmaschine zum Thema »Hund« und zum entsprechenden Zubehör, mit guter Linksammlung. Empfehlenswert ist die Rubrik »Kurioses«, die unter anderem folgende Website verzeichnet: **www.hunde-im-buero.de:** Erfahrungsberichte zum Thema »Hunde im Büro«.

www.hunde.de: Auch hier lässt sich Wissenswertes rund um das Thema »Hund« finden. Mit Hundehaftpflichttipps, einem gut besuchten Forum und einer Tierarztsuchliste nach PLZ.

www.hund.meintier.de: empfehlenswerte Website rund um den Hund. Mit Checklisten z. B. zu den Themen: »Hundekauf«, »Ist mein Hund gesund«, »Hundesitter – was gilt es zu beachten?«. Forum u. a. zu medizinischen Fragen.

www.hunde-info.de: Die Rubrik »Ratgeber« gibt viele Tipps zu Haltung, Gesundheit und Erziehung.

www.spass-mit-hund.de: Spielideen für draußen und drinnen. Idealer Langeweilebekämpfer für Hund und Herrchen.

www.dogfinder.de: umfangreiche Linksammlung zum Thema »Hund«, u. a. Links zu Hundesportadressen und Hundeschulen.

www.dogi-fashion.de: witzige Hundemode für alle Hundegrößen.

www.urlaub-mit-hund.de: hundefreundliche Hotels und Ferienwohnungen in Deutschland und Europa (kein Anspruch auf Vollständigkeit!), Reisetipps, Einreisebestimmungen.

www.hundeforum.net: gut besuchtes Forum, Austausch über alles Relevante rund um den Hund.

www.hunde-hunde.de: Tipps und Tricks zur Ersten Hilfe bei Hunden (nach Vergiftungen, Autounfällen usw.).

www.tier-magazin.de: Unter »Einreise H + K« findet man Einreisebestimmungen für Katzen und Hunde innerhalb Europas. Wer in die USA reisen möchte, findet unter **www.usa.de** (dann »Reise« – »Zollbestimmungen für Haustiere«) Informationen, wie der Hund mit auf Reisen gehen kann.

Glossar

■ **Afterklauen:** auch Afterkralle oder Daumenklaue genannt. Verkümmerte Krallen auf der Innenseite der Beine.

■ **Alphatier:** Tier, das ein Rudel anführt.

■ **Allergen:** Substanz, die eine allergische Reaktion auslösen kann.

■ **Allergie:** zur Überempfindlichkeit gesteigerte Reaktion des Immunsystems auf bestimmte Substanzen. Die Symptome reichen von leichten Hautreizungen und Magen-Darm-Problemen bis zu einem anaphylaktischen Schock, der mitunter lebensbedrohlich sein kann.

■ **Analdrüsen:** Drüsen am After, die beim Stuhlabsetzen eine stark riechende Flüssigkeit ausscheiden. Dient unter Hunden der Identifikation.

■ **Bastard:** Hund, der keiner speziellen Rasse angehört. Auch Mischling oder Blendling genannt.

■ **Dysplasie:** abnorme Entwicklung von Knochen oder Gewebe. Am verbreitetsten ist eine Hüftgelenksdysplasie, bei der es sich um eine Fehlbildung des Hüftgelenks handelt.

■ **Grannenhaare:** Haare, aus denen das Deckhaar des Hundes besteht.

■ **Hitze:** anderes Wort für Läufigkeit.

■ **Kastrieren:** beim Männchen Entfernen der Hoden, beim Weibchen Entfernen der Eierstöcke.

■ **Katarakt:** Trübung der Linse des Auges, auch Grauer Star genannt.

■ **Läufigkeit:** Zeit, in der eine Hündin paarungsbereit ist.

■ **Mastzellen:** bestimmte Zellen der körpereigenen Abwehr.

■ **Molare und prämolare Zähne:** Backenzähne.

■ **Parasit:** Lebewesen, das in oder auf anderen Tieren (in diesem Fall Hunden) lebt und diese als Wirte benutzt. Beispiele sind Flöhe, Bandwürmer oder Milben.

■ **Rasse:** Gruppe von Hunden mit bestimmten Körpermerkmalen oder geistigen Fähigkeiten, die durch selektive Züchtung entstanden sind.

■ **Rute:** andere Bezeichnung für den Schwanz des Hundes.

■ **Widerrist:** Stelle unterhalb des Nackens, die als Bezugspunkt zum Messen der Schulterhöhe eines Hundes dient.

Register

Abfallbeseitigungsverfahren 81
Abscheu gegenüber Teilmengen der mensch-
    lichen Rasse 191
Afterklauen, beschädigte 160
Aggressivität gegenüber anderen Hunden 194
Akita Inu 26–27
Akustische Sensoren (Gehör) 18
Akustische Signale 70
Allergien 173
Allergische Reaktionen, kleinere 160–161, 173
Alte Hunde 146–149
Alter des Hundes berechnen 142
Altersbedingte Funktionsstörungen 147
American Stafford Terrier 27
American Kennel Club 24
Analdrüsen
    als Körperteil 14
    Pflege 133
Angst 184
Appetitlosigkeit 157
Apportierhunde 24
Arbeitshunde 24
Arthritis 171
Aspirin 172
Atem, schlechter 161
Atemwege, blockierte 176
Atemwegsbeschwerden 157
Aufbewahrung im Freien 80
Augen
    Arten 13
    Absonderungen 153, 157
    Inspektion 133, 153
    Pflege 133
    Probleme 172, 176
    Sehvermögen 15
    Verletzungen 176
Auslauf 77
Auswahl eines Hundes 40
Autoreisen 86

Baden 129–132
Bandwürmer 178
Basset 27
Beagle 27
Befehle
    Bei Fuß! 98–99
    Bleib! 96–99
    Komm! 100–101
    Sitz! 96–97
Begleithunde 25–26
Bei Fuß! (Befehl) 98–99
Bellen
    als akustisches Signal 70
    beim Kommen des Postboten 193
    in der Box 193
    wenn jemand telefoniert 192

Bespringen von Menschen und Objekten 195
Bewegung 41, 74–77
Biss, durch anderen Hund 177
Blasenprobleme 171
Blei, als Gift 174
Bleib! (Befehl) 96–97
Blutungen 157
Borreliose 170
Boxentraining 81–83
Boxer 28
Brustkorb 153
Bürste 53, 124–126

Charakter 40
Chihuahua 28
Chlor 174
Collie 28
Coronavirus 170

Dachshund 29
Dackel 29
Dauerhaar 123
Deckhaar 122
Deutscher Schäferhund 29
Diabetes 172
Dobermann 29
Dominanz 22–23, 90–92
Dominanzprobleme lösen 91–92
Doppelfell 122
Downloads, unautorisierte 84
Drahthaar 123
Durchfall 158

Eingewöhnung 56–67
Einschläfern 149
Energiebedarf 109
Energielieferant, Auswahl 110
Entwirrungskamm 125–126
Epilepsie 172
Erbrechen 158
    herbeiführen 176
Erfrierungen 176
Erkennungsmarken 56, 73
Ernährungsumstellung 111
    siehe auch Futter
Erste-Hilfe-Box zusammenstellen 161
Erstickungsgefahr 189
Erwachsene Hunde
    Anpassen an andere Hunde 60–63
    Anpassen an Katzen 63–66
    Anpassen an Kinder 57–60
    Checkliste für die Anschaffung 48–49
    Vorteile und Nachteile 42–43

Fadenwürmer 178–180
Farbe 134

Fehlersuche 191–199
Fell
  als Körperteil 14, 122
  fremde Substanzen im 134
  Inspektion 155
  Instandhaltung 126
  -pflege 126–132
    -handschuh 124, 126
    professionelle 127–128
    -zubehör 126–127
  stumpfes 199
  Typen 40, 123
Fieber 158
  messen 165
Finanzieller Aufwand 41
Fitness 74–77
Fliegen 181
Flöhe 181
Flugreisen 87
Fly-strike 181
Fremdkörper aus dem Hals entfernen 188–189
Frostschutzmittel 175
Futter 108–115
  alte Hunde 146
  Auswahl 100
  Bedarf 109
  Nahrungsergänzungen (Snacks) 115
  Typen 108–109
  schädliches 115
  -umstellung 111
  Welpen 143
Fütterungsmodus 111

Gardien 180
Gartenprotokoll 77
Gartenzaun 77
Gasemmissionen 115–116
Gebrauchshunde 24
Gehör 18
Gehorsamsprogramme 103
Geruchssensoren (Geruchssinn) 18
Geschichte des Hundes 22–23
Geschlecht, Auswahl 43
Geschlechtsorgane 15
Geschlechtsreife 143–144
Geschmackssensoren
  (Geschmackssinn) 18
Gesellschaftshunde 25–26
Gesundheitszustand zu Hause
  überprüfen 153
Gewicht 15
  berechnen 116–117
Gewichtskontrolle 116
Gewichtsreduktion 118
Gewichtsverlust 158
Gewitter, Angst vor 192
Gifte 174–175
Glatthaar 123
Golden Retriever 32
Gras fressen 196
Greyhound 32
Grunzen 70

Haarkleidvarianten 123
»Haarlose« Hunde 123
Hakenwürmer 180
Halsband 56, 73
Hardwarefehler
  kleinere 160–161
  möglicherweise schwere 157–159
Harnlassen
  fehlerhaftes 158, 198
  im Haus 84, 197–198
Haut
  -erkrankungen 172
  Inspektion 155
  -reizungen 158, 160
Hecheln 14
Heimlich-Handgriff 188
Heimtierausweis 73
Herzdefekte/-probleme 172
Herzerkrankungen 171
Herzfrequenz messen 164
Herzwürmer 180
Heulen 70
Hinken 158
Hinterteil über den Boden ziehen 197
Hitze 143–144
Hitzschlag 177
Hochspringen an Personen 195
Hof- und Gartenprotokoll 77
Hol's! (Trainingsprogramm) 75–77
Hot Spots 160
Hüftgelenksdysplasie 173
Hütehunde 26
Hundebett 53
Hundebox 56
Hundehütte 80
Hundestaupe 168

Identifikationsmethoden 73
Impfungen 155–156
Inspektionen zu Hause durchführen 153
Installation im Freien 80
Intelligenz 19

Jack Russell Terrier 32
Jagdhunde 25
Jagdtrieb 63, 90
Jagen sich rasch bewegender
  Objekte 196
Jodsalbe 160

Kamm 53, 124, 126
Kardätsche 124, 127
Kastration 144
Katzen, Anpassen an 63–66
Kaugummi 134
Kerntemeratur messen 165
Kettenhund 77
Kinder, Anpassen an 57–60
Kleinhunde 24–25
Kletten 134
Knochenbruch 177
Knurren 70

»Knurrender Gesichtsausdruck« 195
Körper 14–15
Körpersprache 71
Kollaps 159
Komm! (Befehl) 100–101
Konfiguration der Wohnung 52–53
Konstitution 75
Kopf 13–14
Kopfschüttelhaltung 181
Kot fressen 196
Kraftstoff 108–115
Kraftstoffergänzung 115
Kraftstoffumstellung 111
Krämpfe 159
Krallen, blutende und/oder beschädigte 160
Krankheiten
    ansteckende 168–170
    chronische 170–171
    erbliche 172–173
Kratzer 157, 161
Krebs 170
Kurzhaar 123

Labrador Retriever 33
Langhaar 123
Laufhunde 25
Läuse 181
Lautäußerungen 70
Lebenserwartung 19
Leine 56
Leinentraining 94–95
Leptospirose 168

Magendrehung 177
Menschensprache 72
Metallstriegel 125, 127
Mikrochip, für Identifikation 73
Milben 181
Mischlinge 38–39
Misteln 175
Mops 33
Mund
    Geschmackssensoren 18
    Inspektion 152

Näpfe für Wasser/Futter 56
Nagelzange 127
Namensauswahl 67
Nase 14, 18
Neufundländer 33
Nicht standardisierte No-Name-Produkte
    (Mischlinge) 38
Nickhaut 13
Nierenerkrankungen 171
Notfälle 134–135
Notfalltransporte 186
Nothilfegruppen als Anbieter 45

Ohren
    Absonderungen 153, 159
    Formen 13
    Gehör 18

Inspektion 132, 153
Pflege 132
-schlagen 181
Optische Sensoren (Sehvermögen) 15, 17
Osteoarthritis 171
Osterlilien 175
Output-Port 14, 153

Parainfluenza 168
Parasiten
    äußere 181–184
    innere 178–180
Parvovirose 170
Peitschenwürmer 180
Pekinese 34
Permanenthaar 123
Pfoten 15, 153
Phobien 184
Postbote 193
Privatpersonen als Anbieter 45
Problemlösungen 191–199
Psychische Erkrankungen 184–185
Pudel 34

Räude 181
Rangordnung festlegen 91
Rassen
    Spitzenmodelle 26–38
    Typen 24–26
Ratten- und Mäusegifte 175
Reisen
    im Auto 86
    mit Bus und Bahn 87
    mit dem Flugzeug 87
REM-Schlaf 72
Reviermarkierung 91
Revierverhalten 90
Röchel-/Schnarchlaute 199
Rückenprobleme 173

Sabbern, starkes 197
Sauberkeitserziehung 84
Schäferhund 29
Schere 124–125, 127
Scheu vor Fremden und/oder
    anderen Hunden 193
Schlafmodus 72
Schlangenbiss 177
Schnarchen 199
Schnauze am Teppich abwischen 195
Schnittwunden 157, 161
Schulterhöhe 15
Schwanz 15
Schweißhunde 25
Schwitzen 15
Sehvermögen 15
Sensorspezifikation 15–18
Service-Provider
    Auswahl 152
    Besuche beim 155–156
Shih Tzu 35
Sinne 15–18

Sitz! (Befehl) 96–97
Snacks 115
Sozialisation 90, 94
Speicherkapazität 19
Spielzeug 53
Staupe 168
Stechmücken 181
Stechpalme 175
Stichwunden 157
Stiftungen als Anbieter 45
Stinktier 135
Stöberhunde 24
Striegel 125, 127
Stubenreinheit 81, 84–85

Tabletten verabreichen 163–164
Taktile Sensoren (Tastsinn) 18
Tasthaare 122
Tastsinn 15, 18
Taubheit 173
Teer 135
Telefonieren, Hund bellt 192
Terpentin 175
Terrier 25
Tierarzt
    siehe Service-Provider
Tierheime, als Anbieter 43–44
Tod 148–149
Tollwut 168–169
Training 94–102
    Auf Zuruf kommen 100–101
    Bei Fuß! 98–99
    Bleib! 96–99
    Boxentraining 81–83
    Leinentraining 94–95
    Sauberkeitserziehung 84
    Sitz! 96–97
    Sozialisation 94
    Tipps 102
Trainingsoptionen 94
Transport 86
Transporttechniken für Notfälle 186
Traumata 176–178
Treibhunde 26
Trennungsangst 184

Umgraben des Gartens 194
Unterwolle 122

VAA (von Auto angefahren) 178
Verband für das Deutsche Hundewesen
    (VDH) 26

Verfilzungen entfernen 128
Verhaltensstörungen 184–185
Verletzungen, schwere 178
Verschlucken eines Fremdkörpers 191
Versicherung 105
Verteidigung von Heim und Personen 104
Vorbereiten der Wohnung 52–53
Vorstehhunde 24
Vorteile der Hundehaltung 41–42

Warengruppen 24
Wasseraufnahme
    durchschnittliche Tagesmenge 119
    übermäßige 159
Wasserstoffperoxid 160
Weihnachtssterne 175
Welpen
    Anpassen an andere Hunde 60–63
    Anpassen an Katzen 63–66
    Anpassen an Kinder 57
    Checkliste für die Anschaffung 46–47
    Ernährung 143
    Vorteile und Nachteile 42
    Wachstumsstadien 138–141
Wiegen des Hundes 116–117
Winseln 70
Wolf 22–23
Workout und Fitness 74–77
Wunde, stark blutende 178
Wutsyndrom 185

Yorkshire Terrier 35

Zähne 14, 133, 142–143, 153
Zahnfleischverfärbungen 159
Zaun 77
Zecken 184
Zeitaufwand 41
Zerstörung von Mobiliar
    und anderen Gegenständen 192
Zittern 159
Zitzen 15
Zoohandlungen als Anbieter 44
Zubehör, empfehlenswertes 53–56
Züchter, als Anbieter 44
Zunge 14, 18
Zwangsneurotische Verhaltensweisen 185
Zwingerhusten 170

Besitzerzertifikat

Herzlichen Glückwunsch! Sie haben nun alle Anweisungen dieser Betriebsanleitung gelesen und sind perfekt auf die Instandhaltung Ihres neuen Hundes vorbereitet. Mit der richtigen Wartung und Aufmerksamkeit wird Ihnen Ihr Modell viele Jahre lang Freude und Glück bereiten. Viel Vergnügen!

Name des Besitzers

Name des Modells

Lieferdatum

Geschlecht

Fellfarbe

Ggf. Rasse

Die Autoren:

DR. DAVID BRUNNER ist seit 25 Jahren Tierarzt und betreibt seit 22 Jahren die Indianapolis's Broad Ripple Animal Clinic, wo er sich auf die Behandlung von Kleintieren – Katzen und Hunden – spezialisiert hat. Er hat zwei Töchter namens Molly und Kendell und zwei schwarze Labrador Retriever namens Lucy und Noel, die ihn jeden Tag zur Arbeit begleiten.

SAM STALL ist Co-Autor von *As Seen on TV: 50 Amazing Products and the Commercials That Made Them Famous* und *Dirty Words of Wisdom*. Er lebt mit seinen drei Terriermischlingen Tippy, Katie und Gracie, seiner Frau Jami (die kein bisschen Terrierblut hat) und seinem Kater Ted in Indianapolis.

Die Illustratoren:

PAUL KEPPLE und **JUDE BUFFUM** sind besser bekannt als das Studio **HEADCASE DESIGN**, das in Philadelphia angesiedelt ist. Über ihre Arbeit wurde in zahlreichen Designpublikationen berichtet wie z. B. *American Illustration*, *Communication Arts* und *Print*. Vor der Eröffnung von Headcase 1998 arbeitete Paul mehrere Jahre für Running Press Book Publishers. Beide Illustratoren machten ihren Abschluss an der Tyler School of Art, an der sie heute auch unterrichten. Während Jude dieses Buch illustrierte, schaffte er sich einen Boston Terrier namens Huxley an. Seitdem hat er die notwendige Software installiert, damit Huxley sitzt, Platz macht, sich auf den Rücken rollt und Cocktails mixt. Pauls Hund, ein imaginärer Jack Russell Terrier namens Crackers, wurde zuletzt beim Turteln mit einem Paar Laufschuhe gesehen.

Von den beiden Autoren Dr. David Brunner und Sam Stall ist in derselben Ausstattung ebenfalls erschienen: *Katze Betriebsanleitung* (Goldmann, 2015).

[Vorderansicht]

[Seitenansicht links]

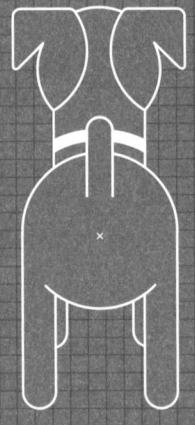

[Seitenansicht rechts]

[Rückansicht]

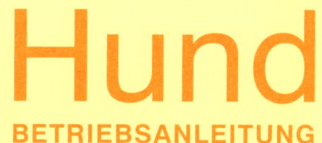

Hund

BETRIEBSANLEITUNG

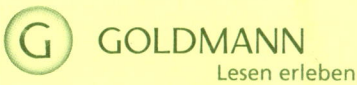

GOLDMANN
Lesen erleben